Hélène Doucet Leduc

Échec à la contamination des aliments

MODULO

Données de catalogage avant publication (Canada)

Doucet Leduc, Hélène, 1933-

    Echec à la contamination des aliments

    Comprend des réf. bibliogr. et un index.

    ISBN 2-89113-538-5

    1. Aliments – Contamination.   2. Intoxications alimen-
taires – Prévention.   3. Aliments – Manipulation.   4.
Aliments – Conservation.   5. Pesticides – Résidus dans
les aliments.   I. Titre.

TX531.D68 1993   363.19'26   C93-097393-3

Révision : François Morin et Michèle Morin
Correction d'épreuves : Marie Théorêt et Renée Théorêt
Conception graphique : Olena Lytvyn
Photographie de la couverture : Pierre Groulx
Typographie : Carole Deslandes
Montage : Lise Marceau

Échec à la contamination des aliments
© Modulo Éditeur, 1993
233, av. Dunbar, bureau 300
Mont-Royal (Québec)
Canada   H3P 2H4
Téléphone : (514) 738-9818
Télécopieur : (514) 738-5838

Dépôt légal – Bibliothèque nationale du Québec, 1993
Bibliothèque nationale du Canada, 1993
ISBN 2-89113-**538**-5

Imprimé au Canada
1 2 3 4 5 IG 97 96 95 94 93

Table des matières

AVANT-PROPOS   **XI**

CHAPITRE 1   **La contamination par
                  les microorganismes   1**

Les intoxications d'origine bactérienne   1
   Les températures critiques   6
   L'achat et le transport des aliments   8
   L'entreposage des aliments   9
   La décongélation   17
   La préparation des aliments   18
   Le lavage de la vaisselle   19
   Les buffets   20
   Les boîtes-repas (« lunchs ») et
   les pique-niques   21
   Les repas au restaurant   22

Les moisissures   23

Les levures   24

Les parasites   24

Les insectes   25

CHAPITRE 2   **Les contaminants chimiques   27**

Les organochlorés   28

Les produits chimiques agricoles   29
   Les engrais chimiques   30
   Les pesticides   30

Les métaux lourds 31
Le mercure 32
Le plomb 32
Le cadmium 33
L'aluminium 34

Les additifs alimentaires 36
La réglementation 36
Les effets secondaires de certains additifs 43
Les attentes des consommateurs 46

La contamination chimique et
le risque de cancer 48
Les personnes à risque 50

CHAPITRE 3 Le lait et les produits laitiers 53

La conservation du lait 55
Les résidus dans les produits
laitiers 55
Les produits laitiers de culture 57
Les desserts glacés 57
Les fromages 58

**CHAPITRE 4 Les viandes, les volailles et
les œufs 61**

Les méthodes modernes d'élevage 62
Les résidus dans la viande 62
Les résidus de médicaments vétérinaires 63
Les hormones 63
Les résidus de pesticides 64

La transformation de la viande 64
La salaison 64
Le fumage 65

Les viandes de boucherie 66
Le bœuf et le veau 66
Les abats 68
Le porc 69
La viande de cheval 71

Le gibier   72
La volaille   72
   La décongélation de la volaille   73
   Les volailles farcies   74
La cuisson   74
   La cuisson au barbecue   74
   La cuisson au four à micro-ondes   76
Les œufs   78

CHAPITRE 5   **Les poissons, les mollusques et les crustacés**   **81**

Le poisson   81
   Les contaminants chimiques   81
   Les contaminants d'origine naturelle   84
   Les parasites   85
Les mollusques   86
Les crustacés   88
Le poisson fumé   90

CHAPITRE 6   **Les produits végétaux**   **91**

Les résidus de pesticides dans les fruits et légumes   91
Que penser des produits biologiques ?   92
Les conserves et les risques de contamination bactérienne   94
Les insectes et les moisissures dans les céréales, les légumineuses et les noix   96
Les substances toxiques naturellement présentes dans les végétaux   98

CHAPITRE 7   **Les graisses et les sucres**   **103**

Les graisses, les huiles et les substituts du gras   103
   Les produits nocifs formés dans les graisses   104
   Les substituts du gras   105

Les succédanés du sucre 106
Les produits allégés 107

CHAPITRE 8   L'eau et les boissons   109

L'eau, potable ? 109
La contamination de l'eau par le plomb 110
Puits et salubrité de l'eau 111
L'eau en bouteille, une solution ? 111
Le café 112
L'alcool 113
Les tisanes et les décoctions : risques
d'intoxication par des agents naturels 113

**CHAPITRE 9   Les substances qui migrent
dans les aliments   119**

La vaisselle et la verrerie 119
Les boîtes de conserve 120
Les casseroles 121
Les plastiques 122

CHAPITRE 10   Que nous réserve l'avenir ?   125

L'irradiation des aliments 125
Les biotechnologies 128

ANNEXE A   Adresses utiles   131

En cas d'intoxication alimentaire 131
Pour porter plainte 131
Pour obtenir de l'information 132
Pour faire analyser l'eau 132
Pour se renseigner sur les
allergies alimentaires 133

**ANNEXE B   Documentation gratuite
sur les aliments   135**

ANNEXE C   **Documentation gratuite
sur les divers contaminants**   **139**

ANNEXE D   **Ouvrages à consulter**   **141**

INDEX   **143**

LISTE DES TABLEAUX

Tableau 1.1 Principales bactéries responsables des
intoxications alimentaires.   2-3

Tableau 1.2 Aliments susceptibles de contamination et
aliments sûrs.   5

Tableau 1.3 Temps de conservation au congélateur
(-18°C).   10-11

Tableau 1.4 Aliments devant être conservés au
froid et temps approximatif de conservation
(4°C).   12-14

Tableau 1.5 Temps de conservation approximatif
pour les aliments dits non périssables.   16

Tableau 1.6 Indices de détérioration des conserves.   17

Tableau 2.1 Additifs qui contiennent de l'aluminium.   35

Tableau 2.2 Classification des additifs alimentaires selon
les tableaux dans lesquels ils figurent
dans la *Loi des aliments et drogues*.   38-41

Tableau 2.3 Principaux additifs contenant du sodium
ou du potassium et aliments dans lesquels
on les trouve.   47

Tableau 4.1 Concentration moyenne de cadmium dans
le foie et les rognons de cerfs mâles de
Virginie et d'orignaux, et comparaison
avec les foies et rognons d'animaux de
boucherie.   68

Tableau 4.2 Températures internes de cuisson recommandées pour les viandes et la volaille.   75

Tableau 5.1 Règles générales de consommation des poissons de pêche sportive en eau douce au Québec. 84

Tableau 5.2 Guide d'achat et de conservation des poissons, des crustacés et des mollusques vendus à l'état frais. 89

Tableau 6.1 Aliments nécessitant un traitement particulier en raison de leur toxicité. 99-100

Tableau 8.1 Herbes à éviter. 115-116

FICHES DES *RÈGLES À OBSERVER*

- L'achat et le transport des aliments 8-9
- L'entreposage des aliments 9
- L'entreposage des conserves 15
- La préparation des aliments 18-19
- Le lavage de la vaisselle 20
- Les buffets 20
- Les boîtes-repas (« lunchs ») et les pique-niques 21
- Les repas au restaurant 22
- La cuisson au barbecue 76
- La cuisson au four à micro-ondes 78
- Les insectes et les moisissures dans les céréales, les légumineuses et les noix 98

Avant-propos

Vous vous préoccupez de la contamination des aliments ? De nos jours, comment faire autrement ? Il ne se passe pas une semaine sans que les médias ne soulèvent quelque nouveau sujet d'inquiétude : hormones dans la viande, plomb dans l'eau du robinet, résidus de pesticides sur les fruits et les légumes. Tellement qu'on finit par s'inquiéter... et se sentir dépassé. Comment en effet choisir les aliments présentant le moins de risque pour la santé alors que les contaminants, les métaux lourds, les pesticides ou les additifs qui s'y trouvent ne laissent pas de trace ? Dans quelle mesure la présence de ces substances dans les aliments nuit-elle à notre santé ? Ces questions valent bien sûr qu'on s'y arrête, et nous le ferons.

Mais il y a un autre aspect de la contamination des aliments qui est beaucoup moins médiatisé et qui est primordial, cependant. Il est en effet démontré que la plupart des intoxications alimentaires sont d'origine microbienne. Elles sont tout simplement attribuables à la négligence ou à la méconnaissance des règles et précautions nécessaires à la préparation des aliments et à leur bonne conservation.

Or, on sait souvent qu'il y a des précautions à prendre, mais on ignore précisément lesquelles. Et on n'a pas toujours sous la main toute l'information dont on aurait besoin. Sait-on en effet se servir en toute sûreté du four à micro-ondes ou des aliments emballés sous vide ? Sait-on éviter la contamination croisée ? Sait-on comment déterminer qu'une viande est suffisamment cuite pour éviter toute contamination ? On a bien une idée de tout cela, on en a entendu parler, on a déjà lu un vague article, mais on voudrait aussi pouvoir disposer d'un ouvrage simple et fiable auquel on pourrait se référer au besoin.

C'est ce désir légitime qu'*Échec à la contamination des aliments* vient combler. Nous avons pour cela abondamment puisé dans la documentation des différents ministères et avons fait appel à leurs spécialistes, nous avons interrogé les experts de diverses industries agro-alimentaires et nous en sommes arrivés à ce petit guide extrêmement pratique que vous avez maintenant en main. Vous y trouverez tout ce qu'il vous faut savoir pour choisir, préparer et conserver les aliments... sans risques !

1

La contamination par les microorganismes

Infiniment petits, invisibles à l'œil nu, c'est bien souvent par leurs manifestations que les bactéries, les moisissures et les levures se rappellent à nous, et parfois de façon virulente. En effet, ces microorganismes qui pour se développer ont besoin d'humidité, d'une température convenable et d'éléments nutritifs trouvent dans les aliments un milieu de croissance idéal.

La plupart des microorganismes présents dans les aliments sont cependant totalement inoffensifs, voire bénéfiques. C'est le cas, par exemple, des levures qui provoquent la fermentation du sucre et sa transformation en alcool. D'autres par contre sont nuisibles et entraînent la détérioration des aliments; notamment les moisissures sur les fruits et les bactéries causant la putréfaction de la viande. Un certain nombre sont pathogènes, c'est-à-dire qu'ils sont les agents de maladies transmises par les aliments et d'intoxications alimentaires.

Les intoxications d'origine bactérienne

Au Canada, pays où les standards d'hygiène de la population sont élevés et où la salubrité des établissements qui préparent ou servent des aliments est rigoureusement surveillée par un

Tableau 1.1   Principales bactéries responsables des intoxications alimentaires.

Bactéries	Symptômes d'intoxication	Prévention
Salmonelles		
Présentes dans l'intestin des animaux et des humains.	Crampes d'estomac, diarrhée, vomisse-ments, fièvre. Début : de 6 à 72 heures après l'ingestion. Durée : de 18 à 36 heures.	• Éviter volaille, viande, poisson et œufs insuffisamment cuits, lait ou crème non pasteurisés.
Staphylococcus aureus		
Présent dans la gorge et le nez des humains; sur la peau (coupures, boutons). Produit une toxine résistante à la tempé-rature d'ébullition.	Douleurs abdomina-les, nausées, diarrhée. Début : en deçà de 2 à 4 heures après l'ingestion. Durée : 1 journée	• Observer les règles d'hygiène person-nelle. • Ne pas laisser à la température de la pièce les aliments à haute teneur en protéines.
Clostridium botulinum		
Présent dans l'eau et le sol. Se développe là où il y a peu ou pas d'oxygène : conserves, aliments conditionnés sous vide. Toxine détruite à température d'ébullition; spores résistantes à la chaleur.	Affecte le système nerveux et peut entraîner la mort. Vision double, difficulté d'élocution, suffocation. Des symptômes gastro-intestinaux peuvent précéder les symptômes neurologiques. Début : de 1 à 8 jours après l'ingestion. Durée : guérison lente.	• À la maison, utiliser des méthodes recon-nues de mise en conserve, surtout pour les aliments non acides, les viandes, la volaille, le poisson. • Jeter les conserves bombées. • Garder constamment au froid les aliments sous vide et ne pas dépasser la date « meilleur avant ».

Tableau 1.1   Principales bactéries responsables des intoxications alimentaires (suite).

Bactéries	Symptômes d'intoxication	Prévention
Clostridium perfringens		
Présent partout dans l'environnement et dans l'intestin des animaux et des humains.	Diarrhée et coliques. Début : de 8 à 22 heures après l'ingestion. Durée : en moyenne 10 heures.	• Assurer une cuisson adéquate des aliments; les refroidir rapidement et les réchauffer à une température suffisante.
Escherichia coli 0157 : H7		
Présent dans l'eau contaminée par des fèces.	Crampes, diarrhée sanguinolente; atteinte rénale possible. Début : de 5 à 48 heures après l'ingestion. Durée : de 10 à 24 heures.	• S'assurer que la viande hachée est bien cuite. • Éviter de boire du lait non pasteurisé.
Listeria monocytogenes		
Très répandu dans l'environnement. Se développe à la température de réfrigération.	Symptômes qui ressemblent à la grippe. Peut occasionner des fausses couches. Conséquences sérieuses chez les nouveau-nés. Début : de quelques jours à 35 jours après l'ingestion. Durée : de 1 à 91 jours.	• Éviter le lait cru et les fromages au lait cru. • Respecter les dates « meilleur avant » sur les produits périssables.
Campylobacter jejuni		
Présent dans l'eau contaminée.	Fièvre, maux de tête, douleurs musculaires, diarrhée. Début : de 2 à 5 jours après l'ingestion.	• Éviter de boire du lait cru, de l'eau non traitée. • Bien cuire les viandes, les volailles et les poissons.

service gouvernemental, on estime à un million de cas par année le nombre d'intoxications d'origine alimentaire. Cela est loin d'être négligeable puisqu'il en coûte environ 1,1 millard de dollars en frais d'hospitalisation, en médicaments et en journées de travail perdues[1]. Face à cette étonnante réalité, il faut bien admettre que seule une vigilance de tous les instants permet de faire échec à la contamination des aliments. Les microorganismes, eux, c'est bien connu, ne chôment pas !

Les aliments peuvent véhiculer des bactéries causant des maladies infectieuses : diphtérie, typhoïde et scarlatine. Ils ont été à l'origine dans le passé de grosses épidémies. Certaines bactéries sécrètent des toxines dans les aliments ou dans l'organisme suite à l'ingestion d'aliments contaminés. Surviennent alors les intoxications alimentaires.

Si, dans la plupart des cas, les symptômes des intoxications alimentaires sont légers et passagers — crampes abdominales, nausées, vomissements, diarrhée —, certaines intoxications peuvent être très graves et même entraîner la mort, selon la virulence de la bactérie et l'état antérieur du patient. Les jeunes enfants, les femmes enceintes, les personnes âgées et celles dont le système immunitaire est déficient sont particulièrement à risque à cet égard. Les intoxications n'affectent pas seulement le système digestif. Certaines toxines s'attaquent au système nerveux et causent des troubles visuels, des étourdissements, une paralysie des muscles respiratoires pouvant être mortelle.

Les bactéries sont présentes partout : dans l'air, dans le sol, dans l'eau, dans les aliments. La personne qui manipule les aliments peut elle-même être l'hôte de bactéries pathogènes qui seront transmises par les aliments qu'elle touche. Ainsi, on estime que 10 % à 15 % des personnes en bonne santé sont porteuses de la bactérie *Staphylococcus aureus* dans les voies nasales, dans la gorge, sur la peau, dans les selles (voir tableau 1.1). Ce pourcentage peut s'élever à 60 % dans les périodes où la grippe fait rage. C'est dire l'importance des règles d'hygiène lorsqu'on manipule des aliments (voir tableau 1.2).

---

1. E.C.D. Todd, « Cost of Acute Bacterial Foodborne Disease in Canada and the United States », *International Journal of Food Microbiology*, n° 9, 1989, p. 313-326.

Tableau 1.2 Aliments susceptibles de contamination et aliments sûrs.

Aliments susceptibles de contamination
(Doivent être réfrigérés à 4°C ou moins ou maintenus à
une température égale ou supérieure à 60°C.)

Céréales cuites (flocons d'avoine, semoule de blé, etc.)

Flans, pouding et crème fouettée

Fruits de mer

Lait et produits laitiers, fromages à pâte molle

Légumes cuits, légumineuses cuites

Œufs, dérivés des œufs (sauf œufs déshydratés) et salades d'œufs

Poisson cru ou cuit et salade de poisson

Sauces

Sauces et mayonnaises maison; sauces et mayonnaises commerciales si les contenants sont ouverts

Viande crue ou cuite, volaille et salade de volaille ou de viande

Viandes à tartiner

Viandes en conserve, poissons et plats composites en conserve (si les boîtes sont ouvertes)

Viandes traitées (saucisson de Bologne, saucisses à hot-dog, jambon, etc.)

Aliments sûrs
(Peuvent être gardés à la température ambiante.)

Beurre, margarine et huile végétales

Céréales sèches et lait en poudre (avant la reconstitution)

Confitures, miel, sirops et bonbons

Cornichons, relish, moutarde et ketchup

Fromages à pâte dure (type Parmesan)

Fruits crus, cuits et secs

Légumes crus

Noix et beurre d'arachide

Pain, craquelins, biscuits et gâteaux non glacés (ou glaçage au sucre)

Salami sec, pepperoni sec et autres saucissons secs

Viandes et poissons en conserve jusqu'à ce que la boîte soit ouverte (exclut les pro-duits emballés sous vide, qu'il faut conserver au réfrigérateur, même fermé)

Adapté de : Santé nationale et Bien-être social Canada, « La salubrité des aliments, c'est votre affaire », Ottawa, 1983.

Lorsqu'on développe des symptômes d'intoxication, c'est signe que les aliments qu'on a ingérés présentaient des concentrations importantes de toxines ou de bactéries. Or les aliments sont en eux-mêmes un milieu très favorable à la multiplication des bactéries, lesquelles peuvent doubler en 20 minutes si les conditions s'y prêtent. À ce rythme, elles dépassent aisément le million en quelques heures. Pour limiter ou empêcher la prolifération des bactéries dans les aliments, il faut donc observer de façon rigoureuse les règles d'hygiène et de salubrité au moment de l'achat, de l'entreposage, de la préparation et de la conservation des aliments.

Les bactéries se développent difficilement dans les aliments qui ont un faible pourcentage d'humidité ou qui présentent une forte concentration en sel, en sucre ou encore qui sont acides. Vous trouverez au tableau 1.2 une liste d'aliments de ce type qui sont rarement la cause de toxi-infections alimentaires et peuvent être gardés à la température ambiante.

Les températures critiques

Les intoxications sont causées par des bactéries qui, pour la plupart, se développent à des températures se situant entre 4°C et 60°C (voir figure 1.1).

À basse température, la multiplication des bactéries est ralentie ou même complètement arrêtée. Attention : le froid ne détruit pas les bactéries. Leur croissance reprendra si les aliments sont placés à la température de la pièce.

Pour détruire la plupart des bactéries et leurs toxines et rendre les aliments sûrs, il faut des températures de 60°C ou plus. Cependant, certaines bactéries forment des spores qui sont plus résistantes à la chaleur et qui donneront naissance à de nouvelles bactéries. Pour assurer une stérilité commerciale, dans les conserves par exemple, il faut que la température atteigne 110°C, ce qui n'est possible que dans un autoclave (Presto).

Si la plupart des bactéries ont besoin d'oxygène pour se développer, certaines sont anaérobies, c'est-à-dire qu'elles se développent là où il y a peu ou pas d'oxygène : conserves, aliments immergés dans la saumure, aliments sous vide, par exemple. Le *Clostridium botulinum*, bactérie très virulente à cause de sa toxine, appartient à ce groupe.

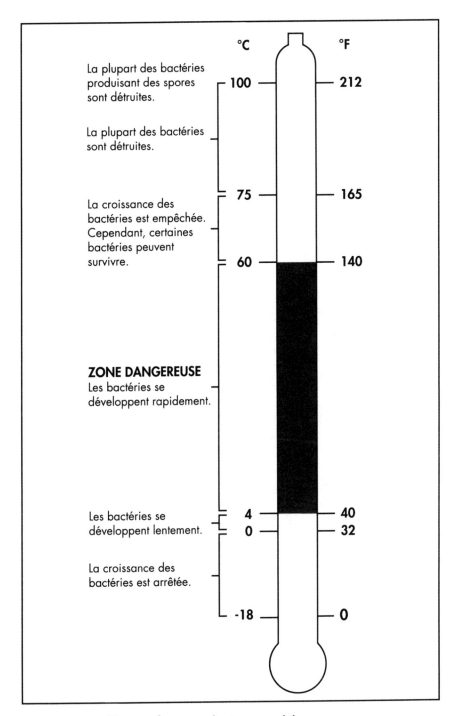

Figure 1.1   Zones de températures critiques.

L'achat et le transport des aliments

Les Canadiens jouissent d'un approvisionnement très varié d'aliments de qualité. Différents ministères sont responsables de la qualité des aliments. Les lois qui régissent la production, la transformation et la distribution des aliments sont sévères et des services d'inspection en assurent le respect et l'observance. Les inspecteurs vérifient la composition des aliments, l'étiquetage et les conditions d'hygiène dans les établissements de préparation et de vente des aliments.

Mais les consommateurs ont aussi leur part de responsabilité en matière de salubrité alimentaire. En effet, bon nombre d'intoxications sont causées par des manipulations inadéquates des acheteurs eux-mêmes. Voici comment éviter cela.

Règles à observer

- N'achetez que chez des marchands qui veillent à la propreté de leur magasin.
- Vérifiez les températures des comptoirs réfrigérés et des congélateurs.
- Assurez-vous que les produits congelés sont solidement congelés.
- N'achetez pas un produit couvert de givre ou qui a été décongelé.
- N'achetez un produit dont l'étiquette précise qu'il doit être réfrigéré que s'il se trouve dans un réfrigérateur et qu'il est bien froid au toucher.
- Vérifiez la date limite de conservation sur l'étiquette. (Elle est précédée de la mention « meilleur avant » et doit apparaître sur tous les produits préemballés dont la durée de conservation est inférieure à 90 jours. Selon les tests effectués par l'industrie, un produit conservé dans de bonnes conditions se conservera au moins jusqu'à cette date. Sur les aliments emballés à l'usine, la date est parfois gravée sur l'emballage et difficile à trouver et à déchiffrer. Ayez l'œil !)
- N'achetez les produits en vrac à consommer sans cuisson que s'ils sont servis par un préposé à l'aide d'ustensiles propres. (On ne doit pas se servir soi-même.)

Règles à observer

- N'achetez pas d'aliments précuits dont l'emballage est abîmé.
- N'achetez pas de boîtes de conserve bombées ou bosselées.
- Placez la viande et la volaille dans des sacs de plastique séparés et mettez-les dans votre chariot d'épicerie de façon que leur jus ne puisse pas souiller des aliments qui seront mangés crus, par exemple les fruits et légumes; ce faisant vous évitez la contamination croisée (contamination d'un aliment par un autre).
- N'achetez les aliments périssables qu'en dernier.
- Hâtez-vous de retourner à la maison l'épicerie faite, car les aliments périssables qui séjournent dans la voiture, à la chaleur, présentent un risque d'intoxication. (Si vous devez voyager plus d'une heure, placez-les dans une glacière ou un sac thermos. Les plats préparés sous vide sont particulièrement vulnérables; ils doivent constamment être maintenus au froid.)

L'entreposage des aliments

En ce qui concerne l'entreposage des aliments nécessitant réfrigération, il faut prendre les précautions qui suivent.

Règles à observer

- Mettez immédiatement au congélateur les aliments congelés. S'ils ont subi une légère décongélation, leur texture peut en être altérée, mais ils sont encore sûrs. Ne recongelez jamais un aliment complètement dégelé, à moins de le cuire au préalable.
- Rangez les aliments périssables au réfrigérateur sans délai. Si la chaîne de froid n'est pas brisée, les aliments s'y conservent au moins jusqu'à la date indiquée par la mention « meilleur avant ».
- Vérifiez périodiquement la température à l'intérieur du réfrigérateur et du congélateur. Les températures idéales pour la conservation des aliments sont : moins de 4°C dans le réfrigérateur et -18°C dans le congélateur. Faites les réglages nécessaires pour atteindre ces températures, sinon la conservation des aliments sera moins longue que prévue. (Les tableaux 1.3 et 1.4 indiquent les périodes de conservation approximatives, au congélateur et au réfrigérateur, ainsi que certains renseignements utiles.)

Tableau 1.3   Temps de conservation au congélateur (-18°C)*.

Aliments	Temps de conservation	Remarques
Produits laitiers		
Fromages	3 mois	• Les fromages à pâte molle se conservent mieux. Les fromages à pâte dure deviennent granuleux.
Lait	6 semaines	
Yogourt	1 mois	
Viandes		
abats	3 à 4 mois	• Les petits morceaux (steaks, côtelettes) se conservent moins longtemps.
agneau	6 à 9 mois	
bœuf	6 à 12 mois	
jambon	1 à 2 mois	
porc	4 à 6 mois	
saucisses	2 à 3 mois	
veau	4 à 8 mois	
viande hachée, en cubes	3 à 4 mois	
Volaille		
abats	3 à 4 mois	
cuite	1 à 3 mois	
en morceaux	6 à 9 mois	
entière	1 an	
poulet frit (du commerce)	4 mois	
oie et canard	2 à 3 mois	
Charcuterie		
bacon	1 mois	• Emballer par paquets de 6 tranches pour plus de facilité.
saucissons et autres charcuteries	1 mois	• Congeler immédiatement et non pas après les avoir réfrigérés quelques jours.

Tableau 1.3   Temps de conservation au congélateur (-18°C)* (suite).

Aliments	Temps de conservation	Remarques
Poissons et fruits de mer		
Poisson maigre	6 mois	
Poisson gras	2 mois	
Homard, crabe, crevettes	2 à 4 mois	• Les crustacés durcissent à la longue.
Blancs d'œufs		
	1 an	
Fruits		
	1 an	
Légumes		
	8 à 12 mois	• Les légumes préalablement blanchis se conservent plus longtemps.
Divers		
Mets congelés (commerciaux)	3 à 4 mois	
Produits de boulangerie	3 mois	• Ils deviennent secs à la longue.
Gâteaux aux fruits	1 an	
Gâteaux avec glaçage	1 à 4 mois	• La crème fouettée et la crème au beurre prennent rapidement un goût désagréable.
Soupes et plats cuisinés (maison)	2 à 3 mois	

* Tant qu'ils sont congelés, les aliments ne subissent pas de détérioration causée par des microorganismes. Ce sont les altérations de texture ou de saveur qui limitent le temps de conservation.

Tableau 1.4   Aliments devant être conservés au froid et temps approximatif de conservation (4°C).

Aliments	Temps de conservation	Remarques
Produits laitiers		
Beurre, margarine	2 semaines (non entamé) 1 semaine (contenant ouvert)	• Peuvent rancir et prendre un goût ou une odeur désagréable au contact d'autres aliments.
Crème fraîche et lait	10 jours (non ouvert) 5 jours (une fois ouvert*)	• Le lait ou la crème qui a séjourné sur la table ne doit pas être remis dans le contenant original.
Crème ultrapasteurisée	30 à 45 jours (non ouvert*)	• Toujours conserver au froid.
Fromages bleu	1 semaine	
camembert, brie	4 à 5 jours	• De préférence dans du papier ciré ou d'aluminium. Éviter les films plastiques. Remettre à température ambiante avant de servir.
cheddar	plusieurs mois	• Ne pas exposer à l'air. Une fois entamé, l'emballer dans du papier ciré ou d'aluminium.
cottage ou ricotta	3 à 5 jours*	• À consommer sans délai.
fondu à tartiner	3 à 4 semaines (entamé) plusieurs mois (non ouvert)	• Dans un bocal fermé hermétiquement.
Yogourt	2 à 3 semaines*	• L'apparition de liquide n'est pas un signe de détérioration. Jeter s'il y a formation de bulles.
Tofu	6 à 8 semaines (s'il est emballé sous vide)	

Tableau 1.4   Aliments devant être conservés au froid et temps approximatif de conservation (4°C) (suite).

Aliments	Temps de conservation	Remarques
Viandes		
abats, cubes et petits morceaux	1 à 2 jours	• Garder l'aliment dans l'emballage initial et le mettre dans un récipient pour éviter de contaminer les autres aliments avec le jus qui en dégoutte.
gros morceaux	2 à 3 jours	
viande hachée	1 à 2 jours	
viandes farcies	1 jour	
saucisses fraîches	1 à 2 jours	
Volaille		
entière ou en morceaux	2 à 3 jours	• Garder dans l'emballage et mettre dans un autre récipient pour contenir le jus et éviter de contaminer d'autres aliments.
Charcuteries		
Saucisses fumées	1 semaine (ouvert) 2 semaines* (non ouvert)	• Selon le mode de fabrication.
Saucissons secs, entiers	2 à 3 semaines ou plus*	
Viandes froides tranchées emballées sous vide	3 jours* 2 semaines* (non ouvert)	
Pâtés et cretons emballés sous vide	3 à 5 jours* 2 semaines* (non ouvert)	
Poissons et fruits de mer		
Poissons, crustacés et mollusques à l'état frais	12 à 24 heures	• À consommer sans délai.
Poissons fumés à froid (saumon)	1 à 2 jours	• Ouvrir l'emballage pour assurer une circulation d'air.
Mets conditionnés sous vide	10 jours*	• S'assurer que la température du réfrigérateur ne dépasse pas 4°C.

Tableau 1.4   Aliments devant être conservés au froid et temps approximatif de conservation (4°C) (suite).

Aliments	Temps de conservation	Remarques
Œufs		
Œufs frais		
entiers	3 semaines*	• Les garder dans leur boîte.
jaunes	2 à 3 jours	• Emballer hermétiquement.
blancs	1 semaine	• Emballer hermétiquement.
Œufs durs	1 semaine	
Fruits		
Agrumes	2 à 3 semaines	• Retirer l'emballage et placer dans le tiroir.
Petits fruits	2 jours	
Pommes	2 mois	• Ne pas couvrir.
Raisins, prunes	5 jours	• Retirer l'emballage et placer dans le tiroir.
		• Ne pas couvrir.
Légumes		
Germes, champignons	3 jours	• Dans l'emballage.
Légumes feuillus	1 semaine	• Dans le tiroir. Conserver dans l'emballage.
Légumes fruits ou fleurs	1 semaine	• Retirer l'emballage et placer dans le tiroir.
Légumes racines	plusieurs semaines	• Retirer l'emballage et placer dans le tiroir.

* Vérifiez la date limite de conservation « meilleur avant ».
  Si le produit a été emballé au magasin, il doit porter la mention « emballé le ».

Les aliments suivants doivent être gardés au réfrigérateur une fois entamés, afin d'éviter la prolifération de bactéries :
– lait pasteurisé à ultrahaute température (UHT);
– mayonnaise et tartinade à sandwich;
– conserves de fruits, de légumes, de viande ou de poisson.

Il en est de même en ce qui concerne le développement de moisissures pour les aliments suivants :
– confitures et gelées;
– pectine liquide;
– sirop d'érable, sirop de maïs, sirop de table.

Les produits dits « non périssables » sont ceux qui n'exigent pas de réfrigération. Ces produits ont cependant une durée limitée, car à la longue, des insectes s'attaquent aux céréales, aux farines et aux fruits secs, et les noix s'oxydent et prennent un goût rance. Si vous ne prévoyez pas utiliser ces produits avant l'échéance indiquée au tableau 1.5, mieux vaut les congeler. Les règles d'entreposage des denrées non périssables sont les suivantes.

Règles à observer

- Gardez les conserves dans un endroit sec et frais.
- Rangez les conserves de façon à assurer une bonne rotation des stocks. Pour une qualité et une saveur optimales, les conserves doivent être consommées dans l'année.
- Ne consommez pas le contenu d'une boîte de conserve si vous y constatez des indices de détérioration (voir tableau 1.6) car elle peut être contaminée par des bactéries. (Si des conserves viennent à geler, l'expansion du contenu sous l'effet du froid peut exercer une pression sur le métal et endommager les joints.)
- **Jetez, sans y goûter, le contenu des conserves bombées ou qui giclent lorsqu'on les ouvre. Elles pourraient être contaminées par des bactéries très toxiques (*Clostridium botulinum*).**

Tableau 1.5   Temps de conservation approximatif pour les aliments dits non périssables.

Aliments	Temps de conservation
Aliments en conserve	1 an
Beurre d'arachide, bocal entamé	2 mois
Cacao	1 an
Café instantané Café moulu	1 an 1 mois

Céréales
  farine de maïs*
  granola
  gruau d'avoine*
  prêtes à servir
	
	6 à 8 mois
	6 mois
	6 à 10 mois
	8 mois

Chapelure sèche	3 mois
Chocolat à cuisson	7 mois
Craquelins	6 mois
Farine blanche	1 an et plus
Farine de blé entier*	6 semaines
Fruits secs (raisins*, pruneaux, dattes, abricots, etc.)	1 an
Légumineuses	1 an et plus
Mélanges à gâteaux, à crêpes, etc.	1 an
Mélanges à pouding, garniture pour tartes	18 mois
Noix dans l'écale	1 an
Noix écalées*	6 mois
Pâtes alimentaires	1 an et plus
Riz blanc	1 an et plus
Riz brun*	6 semaines
Semoule*	1 an et plus
Sucre, sous toutes ses formes	indéfiniment

* Les insectes se développent rapidement dans ces aliments. Conservez-les dans un pot hermétiquement fermé ou au congélateur.

Tableau 1.6 Indices de détérioration des conserves.

Apparence	Odeur	Goût
bulles, grumeaux, moisissures	de pourriture, de sur, d'œufs pourris	rance, éventé, aigre

Source : Santé nationale et Bien-être social Canada, *Les aliments en conserve : Échec à la contamination*, H49-15/2-1983F.

La décongélation

La méthode de décongélation la plus sûre c'est la décongélation au réfrigérateur. Cela exige des heures et même des jours pour une grosse pièce de viande; il faut donc s'y prendre d'avance.

On peut décongeler rapidement un aliment à l'aide du micro-ondes en suivant les indications du fabricant. Le temps requis varie selon la puissance de l'appareil et le poids de l'aliment à décongeler.

On peut aussi immerger l'aliment dans l'eau froide et laisser circuler l'eau de façon à maintenir la température de l'aliment à 10°C ou moins.

Il est dangereux de dégeler les aliments à la température de la pièce, car les parties qui dégèlent en premier sont exposées trop longtemps à une température favorisant le développement de bactéries.

Évitez d'ouvrir le congélateur durant une panne d'électricité. Les aliments y resteront congelés jusqu'à deux jours si le congélateur est plein et moins d'un jour s'il est à moitié rempli.

Tant que les aliments contiennent des cristaux de glace, on peut les recongeler. Toutefois, la texture et la couleur en souffriront, surtout celles des fruits, des légumes et des poissons.

On ne peut recongeler un aliment à moins de le cuire auparavant. On peut ainsi congeler un ragoût qu'on a préparé avec de la viande décongelée.

Si les aliments sont complètement dégelés et qu'ils ont été maintenus à plus de 4°C durant deux heures ou plus, il vaut mieux les jeter. Dans de telles conditions, seuls les produits de boulangerie (sans garniture à la crème) et les jus de fruits peuvent être recongelés sans danger.

La préparation des aliments

Nous sommes tous porteurs de microbes. Certains résident sur la peau, d'autres dans le nez, dans la gorge, dans les intestins. Pour éviter de contaminer les aliments, il faut donc suivre rigoureusement certaines règles d'hygiène en les préparant.

Règles à observer

- Savonnez soigneusement vos mains avant de toucher aux aliments. Les passer à l'eau, ce n'est pas suffisant. Lavez-les de nouveau après être allé aux toilettes ou après vous être mouché.
- Si vous avez une coupure ou une blessure aux doigts, portez des gants sanitaires.
- En travaillant, évitez de toucher votre visage, vos cheveux et, de grâce, ne fumez pas : en portant la cigarette à vos lèvres, vous contaminez vos doigts.
- Attention aux éternuements : les gouttelettes de salive sont porteuses de microbes.
- Lorsque vous goûtez, ne remettez pas dans les aliments un ustensile que vous avez mis dans votre bouche et, surtout, ne prenez pas les aliments avec vos doigts !

Encadré 1.1

Au sujet de la contamination croisée...

La contamination croisée, c'est, entre autres, la contamination d'un aliment par un autre aliment, une surface de travail ou un ustensile déjà contaminés. Cela se produit notamment :

- lorsque du liquide s'échappe de l'emballage de viande, de volaille ou de poisson et contamine d'autres aliments qui seront consommés sans être cuits;
- lorsqu'on découpe une viande cuite sur une planche qui a servi à couper de la viande crue;
- lorsqu'on prépare une salade sur une surface où l'on a manipulé de la viande crue;
- lorsqu'on dépose la viande cuite sur le gril dans l'assiette ayant servi à apporter la viande avant de la cuire.

Autant de gestes à éviter !

Nous connaissons tous ces règles d'hygiène. Toutefois, il arrive qu'on soit plus tolérant lorsqu'on cuisine à la maison, ce qui peut avoir des conséquences désastreuses, surtout chez les personnes âgées malades. Ne relâchez pas votre vigilance. Soyez aux petits soins avec les aliments que vous préparez et prenez des précautions.

Règles à observer

- Durant la préparation, recouvrez les aliments : placez-les à l'abri des mouches et des insectes.
- Les planches et les ustensiles en bois sont jolis mais poreux et se nettoient difficilement. Les planches en matière plastique sont plus hygiéniques. Jetez tous les ustensiles en bois qui sont fissurés. Utilisez de préférence des ustensiles en plastique ou en métal.
- Évitez tout risque de contamination croisée (voir encadré 1.1).
- Voyez à ce que les aliments contenant de la viande, de la volaille, du poisson, des œufs, de la crème ou de la mayonnaise ne séjournent pas à la température de la pièce. (Les aliments périssables ne devraient pas rester à la température ambiante plus de deux heures.)
- À la cuisson, assurez-vous que la température au centre de l'aliment est celle qui convient en utilisant un thermomètre pour les viandes. (Vous trouverez au chapitre 4 les températures internes recommandées pour la cuisson des viandes.) Si vous utilisez un four à micro-ondes, placez les parties les plus épaisses près du bord du plat de cuisson et tournez les aliments au cours de la cuisson.
- Pour accélérer le refroidissement des aliments cuits en grande quantité (soupes, sauces à spaghetti, etc.), placez le contenant dans de l'eau froide ou encore versez le contenu dans de plus petits contenants et réfrigérez au plus tôt.
- Maintenez les aliments à servir chauds à 60°C ou plus, et les aliments à servir froids, au frigo jusqu'au service.
- Si le repas se prolonge, n'attendez pas le départ de vos invités pour ranger les restes.

Le lavage de la vaisselle

Pour ce qui est du lavage de la vaisselle, certaines bonnes habitudes sont à prendre.

- Utilisez de l'eau chaude savonneuse et changez-la si elle devient trop sale. Vous pouvez ajouter 5 ml d'eau de Javel par litre d'eau en guise de désinfectant. Le rinçage en élimine toute trace. (Le lave-vaisselle automatique désinfecte bien, car il lave à l'eau extrêmement chaude.)
- Rincez à l'eau très chaude et laissez sécher sur l'égouttoir, car les linges peuvent être une source de contamination.

Les buffets

Lorsqu'on a beaucoup d'invités, on opte généralement pour la formule du buffet. Les aliments sont alors préparés longtemps d'avance et ils risquent de séjourner longtemps sur la table. Afin que vos invités ne gardent que de bons souvenirs de votre invitation, redoublez de prudence.

- Planifiez bien la préparation des aliments et prévoyez beaucoup d'espace de réfrigération.
- Préparez avec soin les sandwichs à la viande, à la volaille, aux œufs. Les garnitures hachées présentent un plus grand risque parce que la surface exposée est plus grande et que les manipulations sont plus nombreuses. Gardez-les au froid.
- Placez les plats chauds sur un réchaud afin que leur température se maintienne au-dessus de 60°C. Les réchauds qui fonctionnent à la chandelle ne produisent pas assez de chaleur; ils ne sont pas à conseiller.
- Assurez-vous que les plats froids restent froids; déposez-les sur de la glace pilée si nécessaire.
- Si vous dressez la table à l'extérieur, méfiez-vous du soleil. Une assiette de viandes tranchées se réchauffe vite sous les rayons ardents du soleil de juillet !
- N'attendez pas plus de deux heures après avoir servi la nourriture avant de réfrigérer les restes. Si les aliments périssables ont séjourné plus longtemps à la température de la pièce, n'hésitez pas : jetez-les.

Les boîtes-repas (« lunchs ») et les pique-niques

Vous éviterez toute contamination des boîtes-repas (« lunchs »)
et des pique-niques en prenant quelques précautions.

Règles à observer

- Conservez votre boîte-repas (« lunch ») dans un endroit frais (entre 4°C et 10°C) jusqu'à l'heure du repas. Votre case au vestiaire ou le tiroir de votre bureau ne conviennent pas.
- De préférence, utilisez une boîte-repas munie d'un contenant réfrigérant. À défaut d'un tel contenant, ajoutez à votre repas une boîte de jus que vous aurez préalablement congelée. C'est une bonne façon de refroidir ses aliments et d'avoir une boisson fraîche à l'heure du repas.
- Ébouillantez votre thermos avant d'y verser les aliments qui seront mangés chauds.
- Utilisez aussi le thermos pour les salades à base de viande, de poisson, d'œufs. Si le bouchon contient un gel réfrigérant, mettez-le au congélateur la veille.
- Lavez bien votre thermos et votre boîte-repas chaque jour.

Rappelons que toute viande ou préparation à base de viande ne
doit pas être maintenue à température ambiante plus de deux
heures. Cette précaution vaut pour les viandes en sachet conser-
vées sous vide et les viandes fumées. Seules quelques viandes
séchées font exception à cette règle, notamment les gendarmes
(petites saucisses séchées et fumées) et la viande séchée des Gri-
sons, les salami et pepperoni très secs.

Si ces précautions vous compliquent trop la vie, contentez-
vous de sandwichs au fromage ou au beurre d'arachide, ou
apportez des conserves telles que du thon en sauce tomate, des
sardines à la moutarde, du jambon ou des pâtés en conserve.
Les conserves de fabrication commerciale sont stériles jusqu'à
ce qu'on ouvre la boîte.

Les bactéries ne prennent jamais de vacances. Si vous partez
en excursion, sac au dos, emportez des aliments qui ne nécessitent pas de réfrigération. Les sachets à base de riz ou de pâtes
alimentaires sont alors tout indiqués. Certains magasins

d'équipement sportif offrent même une gamme d'aliments lyophilisés pour les longues expéditions.

Les repas au restaurant

Dans les établissements où l'on sert des centaines de repas par jour, le nombre de personnes qui manipulent les aliments est élevé et les aliments doivent être préparés à l'avance, ce qui augmente le risque de contamination bactérienne. Par conséquent, soyez vigilant.

Règles à observer

- Tenez compte de l'aspect général des lieux. Si les règles d'hygiène ne sont pas observées dans la salle à manger, il en est probablement de même dans la cuisine.
- Assurez-vous que les aliments qui doivent être servis chauds le sont effectivement. On utilise souvent le four à micro-ondes pour réchauffer les aliments. La chaleur se répartit alors de façon inégale : les parties extérieures sont brûlantes alors que le centre est encore froid. Dans ce cas, retournez le plat à la cuisine.
- N'hésitez pas à retourner les plats de viande hachée et de volaille insuffisamment cuits.
- N'acceptez pas qu'on vous serve, à la température de la pièce, un plat qui demande une réfrigération : salade de poulet, de viande ou de poisson, dessert à base de lait ou d'œufs.

Si vous vous trouvez dans un pays où les standards d'hygiène sont moins élevés qu'ici, vous devez redoubler de prudence.

Règles à observer

- Ne buvez que de l'eau ou des boissons en bouteille et n'y ajoutez pas de glaçons.
- Évitez le lait et tous les produits laitiers là où le lait n'est pas pasteurisé.
- Ne consommez pas de crudités, sauf les fruits et légumes que vous pouvez peler vous-même.
- N'acceptez que des viandes, des volailles et des poissons bien cuits.

Les moisissures

Les moisissures se développent sur les aliments lorsque les conditions de température et d'humidité le permettent. Plusieurs moisissures sont inoffensives et même bénéfiques, comme celles qui entrent dans la fabrication de certains fromages. D'autres altèrent la texture et la saveur des aliments, par exemple les moisissures dans le pain ou sur les fruits. De plus, certaines moisissures produisent des substances toxiques, les mycotoxines, qui persistent dans les aliments même après l'élimination des moisissures.

Pour éviter le gaspillage, on peut être tenté d'enlever la couche visible de moisissures; cela est à éviter car ce faisant, on n'élimine pas les toxines qui ont pu s'infiltrer dans l'aliment moisi. Certes, si quelques moisissures se développent sur un fromage dur, sur des saucissons secs ou sur le pain, on peut récupérer l'aliment en découpant le morceau moisi jusqu'à une profondeur de 2,5 cm autour de la moisissure, en évitant de contaminer l'aliment avec la lame du couteau. Toutefois, il faut jeter les saucisses à hot-dog, les viandes tranchées, les pâtés et les restes d'aliments qui ont moisi.

Jetez les fruits moisis; lavez et asséchez bien ceux qui ont pu être en contact avec les moisissures. Lavez aussi le panier, le plat ou le tiroir du réfrigérateur afin de ne pas contaminer les autres fruits qui s'y trouvent.

Il faut se débarrasser des aliments liquides ou semi-solides qui présentent des moisissures : fromage cottage, fromage à la crème, yogourt, crème sure, confitures et sirops, jus et autres boissons.

On observe aussi la formation de moisissures sur les grains, les légumineuses, les noix lorsque les conditions d'entreposage sont inadéquates. Ces produits sont largement utilisés dans l'alimentation du bétail et on a pu établir une relation entre la consommation de fourrage, de céréales, de tourteaux moisis et l'apparition de maladies spécifiques dues aux mycotoxines élaborées par les moisissures. Ainsi, une maladie dont périrent 100 000 dindons a été attribuée à l'aflatoxine[2], toxine qui se

2. Conseil national de recherches du Canada, *Mycotoxins : A Canadian Perspective*, n° 22848, Ottawa, 1985, p. 106.

forme sur des denrées typiques des pays chauds et humides comme le maïs, les noix et l'arachide.

Des études ont démontré que l'aflatoxine est responsable de cancers du foie chez les animaux. Des études épidémiologiques ont aussi révélé une incidence plus grande de cancer du foie chez les populations dont le régime alimentaire est élevé en aflatoxine à cause d'une consommation fréquente de céréales et de noix moisies.

Comme la présence des aflatoxines est un phénomène naturel et qu'elles ne peuvent être éliminées complètement, des mesures sont prises pour réduire la contamination des aliments : contrôle des conditions d'entreposage, établissement d'un taux maximal permis de résidus d'aflatoxine sur les noix et les produits des noix, inspection gouvernementale, contrôle de la qualité à l'usine.

On recommande aux consommateurs de jeter les noix qui sont moisies, celles dont l'apparence ou la saveur semble altérée, et d'acheter du beurre d'arachide et des aliments aux noix de marques reconnues, soumises à un bon contrôle de qualité.

Les levures

Des levures peuvent se développer dans les aliments liquides ou semi-solides et y causer une fermentation. Ce phénomène se traduit par une altération de la saveur de l'aliment et parfois par la formation de bulles de gaz. Les liquides sucrés tels que les sirops, la mélasse et le miel sont particulièrement vulnérables à l'action des levures.

Des levures peuvent aussi se former sur la saumure des olives ou des cornichons; elles sont reconnaissables par la formation d'une pellicule visqueuse ou poudreuse à la surface du liquide.

Les parasites

Les parasitoses sont des maladies transmises par des organismes parasites présents dans la viande et dans le poisson. Les méthodes modernes d'élevage et l'inspection vétérinaire à l'abattoir ont grandement réduit l'incidence de ces maladies, surtout liées, aujourd'hui, à la consommation de produits non inspectés : viandes provenant souvent d'animaux sauvages, poissons de pêche sportive.

Une cuisson adéquate élimine les parasites et leurs larves. Certains autres traitements, comme le fumage et la salaison, sont également efficaces. La congélation peut également tuer les parasites.

Aux chapitres 4 et 5, nous nous pencherons plus longuement sur les parasites qui peuvent infester les viandes et les poissons, et sur les moyens de les éliminer.

Les insectes

Plusieurs insectes s'attaquent aux denrées entreposées. Les trains de céréales et les farines sont un milieu de choix pour les insectes. Ceux-ci y déposent leurs œufs et, après un certain temps, les larves éclosent, forment de nouveaux insectes et le cycle recommence. Les noix et les fruits secs tels que les raisins, les pruneaux, les dattes et les figues peuvent aussi être infestés.

On doit jeter tout aliment dans lequel on détecte des insectes ou des débris d'insectes, car c'est là un indice de contamination par les bactéries que ces insectes transportent et par leurs excréments.

Pour éviter les infestations, il faut conserver les aliments dans des récipients fermés et les garder dans un endroit sec et frais. Les températures élevées qui règnent dans les garde-manger, en été particulièrement, favorisent l'éclosion des insectes. Les aliments les plus susceptibles d'infestation devraient être achetés en petites quantités ou encore congelés.

Un dernier conseil à l'intention des amateurs d'oiseaux : les graines pour les oiseaux sont souvent infestées de larves qui éclosent à la chaleur de la maison et contaminent les denrées entreposées. Il vaut mieux conserver ces graines à l'extérieur de la maison.

C H A P I T R E **2** I T R E

Les contaminants chimiques

🍎

L'utilisation industrielle des métaux de même que l'usage croissant de carburants, de pesticides et d'engrais font grimper la teneur en contaminants chimiques de la chaîne alimentaire à des taux qui pourraient constituer un risque pour la santé des humains. Bon nombre de ces contaminants, parce qu'ils sont difficilement métabolisables, s'accumulent dans les tissus des plantes et des animaux. Or, comme chacun sait, certaines espèces animales servent de nourriture à d'autres, d'où une amplification de la contamination d'une espèce à l'autre et des concentrations plus élevées chez les prédateurs situés tout au bout de la chaîne alimentaire. C'est ce qu'illustre la figure 2.1. La chaîne marine

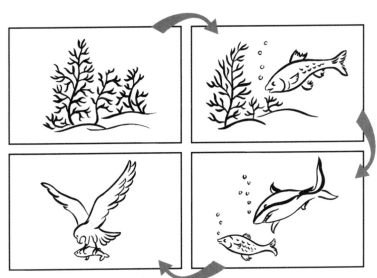

Figure 2.1   Chaîne alimentaire.

comporte généralement plus de niveaux que la chaîne terrestre, et on observe dans certains gros poissons carnivores des concentrations élevées par rapport à celles enregistrées dans les animaux de boucherie.

Parmi tous les polluants qui se retrouvent dans les aliments, certains sont plus préoccupants en raison de leur persistance dans l'organisme humain ou de leur grande toxicité. Examinons-les en détail.

Les organochlorés

Grâce à la chimie industrielle, on effectue aujourd'hui la synthèse de nombreux produits organiques contenant du chlore (organochlorés). Les pesticides, tels le DDT, le chlordane et le lindane; les pentachlorophénols, utilisés comme agents de conservation du bois; les BPC (biphényles polychlorés), abondamment employés dans l'industrie et qu'on trouve encore dans les transformateurs sont des produits de synthèse d'organochlorés. Ces produits très persistants s'accumulent dans les parties grasses des plantes, des animaux et des poissons, et leurs effets nocifs se sont fait sentir dans tous les écosystèmes. Tous les humains ont des quantités détectables d'organochlorés dans leurs tissus gras et on en trouve dans le lait maternel.

Vu les torts considérables que les produits chimiques organochlorés causent dans l'environnement, la plupart des pays industrialisés en contrôlent maintenant l'utilisation, et on assiste actuellement à une diminution des taux mesurés dans la chaîne alimentaire et dans le lait maternel, dernier maillon de cette chaîne (voir figure 2.2). Toutefois, étant donné la grande persistance de ces produits, leurs effets néfastes vont se faire sentir encore longtemps.

Les dioxines et les furannes sont des sous-produits de la fabrication ou de la combustion incomplète de produits qui contiennent à la fois des atomes de chlore et des matières organiques. Ils sont engendrés notamment durant la synthèse de certains pesticides, au cours du procédé de blanchissage de la pâte à papier, par la combustion d'huiles contaminées par des BPC et par l'incinération de déchets.

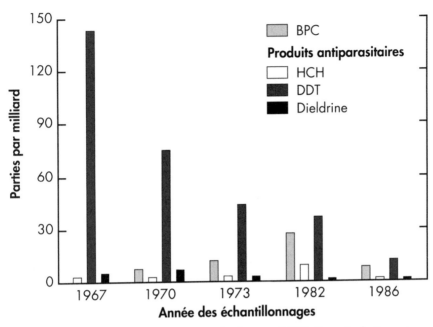

Figure 2.2 Produits antiparasitaires et BPC dans le lait maternel (lait entier) au Canada (en parties par milliard).

Source : Santé nationale et Bien-être social Canada. *Un lien naturel. La santé et l'environnement au Canada*, Ottawa, 1992.

Les dioxines et les furannes sont disséminés dans l'environnement et se retrouvent finalement dans les aliments. Des études sur les animaux ont démontré que certains de ces produits sont de puissants cancérogènes, qu'ils sont toxiques pour le système immunitaire et qu'ils peuvent causer des malformations congénitales. Bien que ces effets n'aient pu être démontrés chez des populations exposées accidentellement à des produits contenant des dioxines et des furannes, il faut modifier les procédés industriels qui en engendrent et exercer une surveillance étroite des taux de contamination des aliments.

Les produits chimiques agricoles

Afin d'augmenter ses rendements, l'agriculture moderne utilise de grandes quantités de produits chimiques soit comme engrais, soit comme pesticides.

Les engrais chimiques

Les engrais chimiques s'emploient massivement dans la culture des céréales et la culture maraîchère. Cela augmente la teneur en nitrates dans les aliments et accroît les risques de formation de nitrosamines cancérogènes. L'usage abusif de fumier peut aussi donner les mêmes résultats, mais les analyses indiquent une augmentation des nitrates là où l'on utilise beaucoup d'engrais chimiques. L'usage abusif d'engrais entraîne également une augmentation de la teneur en nitrates de l'eau, particulièrement dans les puits domestiques situés en régions agricoles.

Les pesticides

Les pesticides comprennent les herbicides, les insecticides et les produits utilisés pour lutter contre les moisissures et certaines maladies des plantes. On se sert de pesticides en élevage pour éliminer les poux et autres parasites qui s'attaquent à la volaille et au bétail, et pour faire échec aux insectes et aux rongeurs dans les étables.

Les pesticides organochlorés ne s'emploient pratiquement plus sur les cultures à cause de leur trop grande permanence. On leur préfère des produits qui se dégradent plus rapidement, laissent moins de résidus dans les aliments et causent moins de dommages à l'environnement.

Les quantités de pesticides qui sont présentes dans les aliments sont insuffisantes pour causer des empoisonnements ou d'autres manifestations aiguës. Pourtant la présence de résidus de pesticides dans les aliments inquiète les consommateurs qui craignent les effets à long terme, comme l'apparition de cancers ou d'effets sur le système nerveux ou immunitaire à la suite d'une exposition continue à de faibles doses de pesticides. Il est donc bon de savoir que différentes mesures réglementaires ont été adoptées pour contrer ces mauvais effets potentiels.

Pour qu'un pesticide soit mis sur le marché, il doit obtenir l'homologation d'Agriculture Canada. Pour cela, le fabricant doit démontrer que le produit est efficace et ne présente pas de risques pour la santé lorsqu'on l'utilise conformément à ses instructions. Le processus d'homologation comporte une évaluation de la composition chimique du produit, des recherches toxicologiques effectuées sur plusieurs générations d'animaux, des essais pratiques et diverses évaluations du rapport risques/avantages.

Chaque année, les services d'inspection des aliments effectuent des contrôles pour s'assurer que l'exposition des aliments aux différents pesticides ne dépasse pas la dose reconnue inoffensive pour la santé. De façon générale, la concentration admissible de résidus pour les produits chimiques agricoles est fixée à 0,1 ppm (partie par million) par la *Loi des aliments et drogues*. Toutefois, cette loi fixe une limite maximale de résidus spécifique pour environ 300 produits chimiques agricoles.

Le rapport annuel d'Agriculture Canada pour l'année 1990-1991 indique que les infractions sont peu nombreuses. Sur les 5000 échantillons de fruits et légumes frais analysés, 99,68 % des produits domestiques et 97,65 % des produits importés étaient conformes aux normes.

Les agriculteurs sont aujourd'hui plus conscients des risques que présente l'utilisation des pesticides chimiques pour la santé et pour l'environnement. Ils ont donc de plus en plus recours à différentes stratégies de lutte contre les insectes et les maladies des plantes : rotation des cultures, dépistage préalable, introduction de prédateurs naturels, et réduisent ainsi, de façon appréciable, l'utilisation de produits chimiques.

Au chapitre 6, nous verrons les mesures à prendre pour limiter les risques d'exposition aux pesticides.

Les métaux lourds

Les métaux sont disséminés dans l'environnement soit par des phénomènes naturels comme l'éruption de volcans ou l'érosion du sol, soit par les activités liées à l'extraction, au raffinage et à l'usinage des métaux.

Certains métaux, comme le mercure et le cadmium, sont bioamplifiés dans la chaîne alimentaire et peuvent atteindre des concentrations telles que l'on doive restreindre la consommation de certains aliments.

Le mercure

De tous les aliments, c'est le poisson qui est le plus affecté par la pollution par le mercure. Les cours d'eau charrient les particules de mercure provenant de l'utilisation industrielle de ce métal (fongicides, peintures, industrie des pâtes et papiers) et de l'érosion naturelle de la croûte terrestre. Ces particules se déposent dans les sédiments, où les bactéries les transforment en une forme plus assimilable, le méthylmercure, qui se transmet à tous les organismes marins. Le sous-sol du bouclier canadien est particulièrement riche en mercure et les grands travaux tels que la construction de barrages et la création d'immenses réservoirs provoquent une dissémination du mercure en surface. On observe alors une augmentation importante de la teneur en mercure chez les poissons dans les réservoirs et les rivières situés en aval des barrages, teneur qui rend les poissons impropres à la consommation.

L'ingestion de grandes quantités de mercure provoque des troubles neurologiques : tremblements, incoordination des mouvements, troubles de la vue, entre autres. Le mercure peut affecter le développement des fœtus même à des concentrations qui n'entraînent pas de symptômes chez la mère.

Dans certains plans d'eau du Québec, les poissons atteignent des concentrations en mercure qui dépassent la norme fixée pour la commercialisation du poisson. Le mercure n'est malheureusement pas le seul polluant dans le poisson. Aussi, doit-on tenir compte de l'ensemble des polluants pour établir des recommandations quant à la consommation de poissons (voir chapitre 5).

Le plomb

La contamination par le plomb est beaucoup plus diffuse que la contamination par le mercure. On trouve du plomb dans toutes les classes d'aliments. Depuis l'Antiquité, l'être humain a employé ce métal d'abord dans la fabrication d'objets, puis dans toutes sortes d'applications techniques : soudures, peintures, encres, batteries, etc. L'exposition au plomb a augmenté de façon constante et particulièrement par suite de l'introduction d'additifs au plomb dans l'essence. Depuis l'interdiction des essences avec plomb, on assiste à une réduction importante du taux de plomb dans l'air.

Les particules de plomb se déposent sur les cultures; elles peuvent aussi s'infiltrer dans le sol et, dans une faible mesure, être absorbées par les plantes. Les animaux ingèrent du plomb avec les plantes qu'ils broutent et on en retrouve dans leurs tissus, particulièrement dans les organes comme le foie et les reins.

Dans la population, ce sont les jeunes enfants qui sont les plus menacés par les effets nocifs du plomb sur la santé. Ils sont plus exposés aux poussières de plomb du fait qu'ils portent tout à leur bouche. D'autre part, à cause de l'immaturité de leur organisme, ils absorbent une plus grande proportion de plomb de source alimentaire que les adultes. Des chercheurs ont démontré que l'exposition à ce métal, même à de faibles concentrations, avant la naissance ou durant la petite enfance pouvait affecter le développement intellectuel, provoquer des troubles de comportement et entraîner une baisse de l'audition.

En plus d'interdire l'essence avec plomb, on a pris diverses mesures pour réduire l'exposition à ce métal :

– modification du code de la plomberie pour limiter le plomb dans les soudures des conduites d'eau;
– remplacement des pesticides à base de plomb;
– réglementation concernant la teneur en plomb des peintures intérieures;
– remplacement des boîtes de conserve soudées au plomb par des boîtes soudées à l'électricité ou par des contenants de verre ou de carton;
– réglementation concernant la teneur en plomb des glaçures recouvrant la vaisselle;
– utilisation d'encres végétales dans l'imprimerie.

En limitant la dissémination du plomb dans l'environnement, ces mesures permettent de réduire les teneurs en plomb dans les aliments.

Le cadmium

Découvert au début du XIXe siècle, ce métal moderne a trouvé d'innombrables applications qui aboutissent à une pollution environnementale élevée qui touche tous les groupes d'aliments. Contrairement à d'autres métaux, le cadmium est facilement assimilé par les plantes, et les animaux herbivores en accumulent des concentrations élevées. Le foie et les reins des orignaux, des caribous et des cerfs de Virginie présentent, au Québec, des concentrations telles que le ministère du Loisir, de la Chasse et de la Pêche recommande de ne pas les consommer. En revanche, les organes des animaux de boucherie ne présentent pas de problèmes de contamination, car ces animaux ont une vie très courte et leur alimentation est plus diversifiée que celle des animaux sauvages (voir tableau 4.1).

Heureusement, le cadmium est peu absorbé dans l'intestin. Mais comme l'organisme humain ne l'élimine à peu près pas, le cadmium s'accumule dans les tissus et peut provoquer des troubles des reins et des os si l'exposition est trop importante. Il convient donc de limiter l'apport de cadmium par un choix varié d'aliments provenant de diverses régions, de façon à éviter les risques dus à une contamination environnementale localisée.

Signalons enfin que le tabac contient du cadmium et que ce dernier est mieux absorbé par voie respiratoire. Le fait de fumer augmente donc l'exposition à ce métal toxique.

L'aluminium

On s'intéresse davantage à l'aluminium depuis que des chercheurs ont signalé un taux élevé de ce métal dans le cerveau d'individus ayant souffert de la maladie d'Alzheimer. L'aluminium est-il la cause de la maladie ou s'agit-il d'un effet de la maladie ? Jusqu'à maintenant, les recherches n'ont pas permis de l'établir.

Une personne en bonne santé élimine facilement l'aluminium en faibles concentrations. Un défaut d'élimination dû à la vieillesse ou à des troubles rénaux peut donner lieu à une rétention, dans les tissus, de ce métal vraisemblablement toxique.

Les aliments ne contiennent naturellement que des quantités infimes d'aluminium et quelques additifs en renferment également (voir tableau 2.1), ce qui fait que l'apport alimentaire

Tableau 2.1 Additifs qui contiennent de l'aluminium.

Additifs	Al (%)	Usage (concentr. max.)	Teneur en Al
Phosphate double d'aluminium et de sodium	6,5	Préparations pour gâteaux, pâte congelée, farine préparée, fromage fondu (3-3,5 %)	5-15 mg/portion ≈ 50 mg/tranche
Sulfate double d'aluminium et de sodium	5,9	Levure chimique domestique* (21-26 %)	≈ 70 mg/c. à thé
Sulfate d'aluminium	1,3	Agent modifiant de l'amidon	—
Sulfate double d'aluminium et d'ammonium	6,0	Saumure pour cornichons et marinades (0,1 %)	—
Sulfate double d'aluminium et de potassium	5,7	Saumure pour cornichons et marinades (0,1 %)	—
Silicate double d'aluminium et de sodium	16,0	Antiagglomérant (2 %)	—
Silicate double d'aluminium et de calcium	17,0	Antiagglomérant (2 %)	—
Aluminosilicate de sodium et de calcium hydraté	12,0	Antiagglomérant (2 %)	—

* Les levures chimiques domestiques les plus populaires au Québec ne contiennent pas d'aluminium. Par contre, celles qu'utilise l'industrie en contiennent.

Source : A. Lione, « The Prophylactic Reduction of Aluminium Intake », *Food Chemical Toxicology*, vol. 21, n° 1, 1983, p. 103-109.

se mesure en milligrammes par jour (environ 20 mg par jour). Une très faible quantité peut passer des casseroles et des emballages aux aliments (voir chapitre 9). Par ailleurs, un certain nombre de médicaments vendus sans prescription, tels les antiacides, les aspirines tamponnées et les antidiarrhéiques, en contiennent des quantités considérables qui peuvent atteindre au-delà de 1 g (1000 mg) par dose consommée quotidiennement. Il serait donc prudent de ne pas abuser de ces médicaments. On conseille aux personnes âgées et à celles qui souffrent de déficience rénale de bien lire les étiquettes afin d'éviter les aliments qui contiennent des additifs à base d'aluminium.

Les additifs alimentaires

Les additifs sont des produits qu'on ajoute intentionnellement dans les aliments soit pour allonger leur durée de conservation, soit pour préserver la saveur, la texture ou l'apparence des aliments transformés industriellement. C'est grâce aux additifs que le pain se conserve sans moisissures pendant plusieurs jours, que les céréales à déjeuner et les biscuits restent croustillants, que les sauces demeurent lisses et homogènes dans les plats prêts à servir, que les confitures et les jus présentent une coloration uniforme d'un lot à l'autre quelle que soit la provenance des fruits. Certains additifs permettent même de modifier la composition des aliments, par exemple de réduire, sans qu'il y paraisse, le pourcentage de graisse.

La liste des additifs alimentaires permis au Canada comprend environ 400 produits groupés par fonction. Les additifs peuvent être des substances naturelles ou des extraits de substances naturelles : extraits d'algues et de gommes utilisés comme stabilisants ou épaississants, ou des composés de synthèse chimique, comme le bicarbonate de sodium ou de synthèse biologique, comme les enzymes entrant dans la fabrication du yogourt.

La réglementation

Pour obtenir l'homologation d'un nouvel additif, le fabricant doit présenter à Santé nationale et Bien-être social Canada les résultats de tests démontrant l'innocuité du produit et son efficacité. L'utilisation de l'additif doit être à l'avantage du consommateur. Les bénéfices que ce dernier retire de l'emploi de l'additif doivent être supérieurs aux inconvénients. Par exemple, on utilise les nitrites dans les viandes salées, et cela depuis des siècles, parce qu'elles empêchent efficacement le *Clostridium botulinum*, une bactérie très dangereuse, de se développer. Toutefois, les nitrites peuvent, selon toute vraisemblance, provoquer la formation de nitrosamines cancérogènes. Le législateur a néanmoins autorisé l'utilisation des nitrites dans une gamme limitée d'aliments parce que le botulisme constitue un danger plus sérieux et imminent que le risque appréhendé de cancer. De plus, l'addition simultanée d'acide ascorbique ou de ses dérivés, ainsi qu'on le pratique aujourd'hui, empêche la formation des nitrosamines.

Un additif sera interdit si son emploi risque de tromper le consommateur sur la qualité ou la composition de l'aliment. Ainsi, on ne peut ajouter un colorant rouge à la viande, car cela pourrait masquer un manque de fraîcheur.

L'homologation des additifs est assujettie à une révision périodique et elle est retirée si des études ultérieures signalent des effets toxiques. Ainsi, deux édulcorants, la saccharine et le cyclamate, d'abord homologués pour remplacer le sucre dans les aliments et les boissons de régime, ne sont plus autorisés depuis que des études ont soulevé des doutes sur l'innocuité de ces additifs. Ils sont toutefois autorisés comme édulcorants de table, car ils constituent alors un apport alimentaire plus limité.

La *Loi des aliments et drogues* réglemente l'utilisation des additifs en indiquant pour quels aliments ils sont autorisés et en imposant des limites de tolérance. De cette façon, on s'assure que le consommateur ne sera pas exposé à des doses supérieures à la dose considérée comme inoffensive pour la santé. La Loi oblige aussi l'industrie alimentaire à énumérer les additifs dans la liste des ingrédients qui figure sur les étiquettes ou les emballages des produits alimentaires. Le consommateur a avantage à lire cette liste et à consulter un petit lexique qui lui expliquera à quoi servent ces produits aux noms barbares (voir Annexe C).

Tableau 2.2   Classification des additifs alimentaires selon les tableaux dans lesquels ils figurent dans la *Loi des aliments et drogues*.

Additifs	Fonctions	Exemples
Tableau I		
Agents antiagglomérants	Absorbent l'humidité afin d'empêcher la formation de masses dans les produits granuleux ou pulvérulents.	• Le silicate de calcium dans le sel de table. • Le bioxyde de silicium dans le sucre à glacer.
Tableau II		
Agents de blanchiment, de maturation et de conditionnement des pâtes	Accélèrent le processus naturel de vieillissement des farines et donnent un produit final de couleur et de qualité stables.	• Le bromate de potassium. • L'azodicarbonamide dans le pain et la farine.
Tableau III		
Colorants	Ajoutés aux aliments pour les rendre plus appétissants et pour uniformiser la couleur des différents lots d'un même produit.	• Le carotène dans le beurre. • L'amarante dans les bonbons.
Tableau IV		
Émulsifiants, agents gélatinisants, stabilisants et épaississants	Confèrent et conservent aux aliments la texture désirée.	• La carraghénine dans la crème glacée. • Les mono et diglycérides dans le fromage fondu.
Tableau V		
Enzymes	Utilisés comme catalyseurs dans la fabrication de certains aliments.	• La présure dans le fromage. • La broméline dans la bière.

Tableau 2.2   Classification des additifs alimentaires selon les tableaux dans lesquels ils figurent dans la *Loi des aliments et drogues* (suite).

Additifs	Fonctions	Exemples
Tableau VI		
Agents raffermissants	Maintiennent la texture d'aliments dont la fermeté est altérée par le traitement à la chaleur.	• Le chlorure de calcium dans les légumes en conserve. • Le sulfate double d'aluminium et d'ammonium dans les cornichons.
Tableau VII		
Agents de satinage et de glaçage	Surtout utilisés dans les bonbons, auxquels ils donnent un fini brillant.	• La gomme arabique et le silicate de magnésium dans les confiseries.
Tableau VIII		
Additifs alimentaires divers		
Agents moussants	Permettent de monter les œufs en neige.	• Le stéaroyl-2 lactylate de calcium dans les blancs d'œufs déshydratés.
Agents pulseurs	Gaz utilisés dans les aérosols.	• L'azote dans les garnitures fouettées.
Édulcorants	Utilisés pour remplacer le sucre.	• L'aspartame. • Le sorbitol.
Tableau IX		
Édulcorants non nutritifs	Abrogés en septembre 1977. Aucun édulcorant non nutritif n'est autorisé actuellement.	

Tableau 2.2   Classification des additifs alimentaires selon les tableaux dans lesquels ils figurent dans la *Loi des aliments et drogues* (suite).

Additifs	Fonctions	Exemples
Tableau X		
Tampons (rajusteurs du pH), réactifs des acides et agents correcteurs de l'eau	Servent à régulariser l'équilibre acide/base et à maintenir le pH au niveau optimal soit pour certaines réactions chimiques, soit pour le maintien des qualités organoleptiques des aliments.	• L'acide tartrique dans la levure chimique. • L'acide citrique dans les confitures.
Tableau XI		
Agents de conservation (classe de la majorité des additifs)	Empêchent ou ralentissent la détérioration microbienne, enzymatique ou chimique des aliments. Ils se divisent en deux catégories : les antimicrobiens et les antioxydants.	
Antimicrobiens	Préviennent ou réfrènent la détérioration causée par les moisissures, les bactéries et les levures.	• Le propionate de calcium dans le pain. • Les nitrates de sodium ou de potassium dans les viandes salées.
Antioxydants	Servent à prévenir l'oxydation qui provoque le rancissement des matières grasses.	• L'hydroxyanisole butylé (BHA) dans l'huile de cuisson.

Tableau 2.2 Classification des additifs alimentaires selon les tableaux dans lesquels ils figurent dans la *Loi des aliments et drogues* (suite).

Additifs	Fonctions	Exemples
Tableau XII		
Agents séquestrants	Assurent la stabilité de certains aliments en se combinant avec des éléments métalliques.	• L'EDTA disodique dans les tartinades à sandwich.
Tableau XIII		
Agents modificateurs de l'amidon	Modifient chimiquement une ou plusieurs caractéristiques influant sur les propriétés de l'amidon.	• L'acide chlorhydrique, qui hydrolyse l'amidon.
Tableau XIV		
Nourritures de levures	Servent d'éléments nutritifs aux levures employées dans la fabrication du pain et de la bière.	• Le sulfate de zinc dans la bière. • Le chlorure d'ammonium dans le pain.
Tableau XV		
Solvants *Solvants de support*	Servent de véhicules pour certaines substances comme les essences et les colorants.	• L'alcool éthylique dans les colorants.
Solvants d'extraction	Servent à isoler ou à extraire certains éléments comme la caféine des grains de café et les huiles comestibles des noix et des graines.	• Le chlorure de méthylène sur les grains de café vert.

Adapté de Santé nationale et Bien-être social Canada, Direction générale de la protection de la santé, Services éducatifs, *Guide des additifs alimentaires*, 1977, 16 pages.

Dans la *Loi des aliments et drogues*, les additifs sont classés selon leur rôle (voir tableau 2.2). Bon nombre d'entre eux sont des agents de conservation qui retardent le développement de microorganismes et, de ce fait, prolongent la durée des aliments transformés. D'autres assurent le maintien des qualités organoleptiques : texture ou consistance, couleur et saveur.

De nombreux additifs agissent comme auxiliaires techniques et permettent de résoudre les problèmes liés à la production industrielle. Enfin, certains additifs ont pour fonction de remplacer le sucre, le gras ou encore le sel dans les aliments de régime.

Nous avons parlé plus haut d'additifs déshomologués à la suite d'études mettant en doute leur innocuité. C'est que la science évolue sans cesse et que de nouvelles données peuvent amener une modification des décisions ministérielles. Il arrive aussi que l'on découvre des produits plus efficaces ou moins nocifs qui remplacent avantageusement certains additifs. On ne doit donc pas en conclure que la santé des consommateurs a été mise en péril lorsqu'un additif est retiré du marché. Le cyclamate n'est plus autorisé comme édulcorant dans les boissons, mais selon Santé nationale et Bien-être social Canada[1], il faudrait consommer quotidiennement 500 bouteilles de 250 ml de boisson gazeuse de régime pour atteindre la dose ayant provoqué des tumeurs chez les animaux de laboratoire. Comme on le voit, l'attitude des législateurs est très prudente, particulièrement dans le cas des additifs qui ne remplissent pas un rôle de conservation des aliments.

Plus récemment, les antioxydants, une autre classe d'additifs, ont suscité des craintes. L'oxydation de certains constituants des aliments, notamment les graisses, provoque des altérations de saveur et de couleur, amoindrit la valeur nutritive et provoque la formation de produits potentiellement nocifs pour la santé. Il existe dans la nature des antioxydants capables de ralentir les phénomènes d'oxydation. Ce sont notamment les acides citrique, ascorbique et tartrique contenus dans les fruits

---

1. Santé nationale et Bien-être social Canada, « Quelques questions sur l'usage des édulcorants artificiels dans l'alimentation », *La Dépêche*, novembre 1969.

et légumes, ainsi que la lécithine et la vitamine E dans les corps gras. Ces produits sont autorisés comme additifs alimentaires. L'industrie recourt aussi à des additifs de synthèse comme l'hydroxyanisole butylé (BHA) et l'hydroxytoluène butylé (BHT). On les trouve dans les huiles et les margarines, ainsi que dans une foule de produits transformés : céréales à déjeuner, boissons gazeuses (huiles d'agrumes), croustilles, gomme à mâcher. La Food and Drug Administration des États-Unis procède actuellement à une révision des études toxicologiques à la suite de la publication de certaines études démontrant que le BHA et le BHT pourraient avoir des effets cancérogènes. Plusieurs fabricants ont volontairement retiré ces additifs de leurs produits.

Les effets secondaires de certains additifs

Chez les gens particulièrement sensibles, des réactions fâcheuses peuvent survenir à la suite de l'ingestion d'aliments contenant certains additifs. D'autre part, des additifs peuvent être contre-indiqués pour certains individus souffrant de troubles particuliers. C'est le cas des additifs à base d'aluminium, comme nous l'avons vu précédemment, de ceux à forte teneur en sodium ou en potassium pour les personnes souffrant d'insuffisance rénale, et de l'aspartame pour celles atteintes de phénylcétonurie.

Les sulfites

Les agents de sulfitage homologués sont : le bisulfite de potassium, le métabisulfite de potassium, le bisulfite de sodium, le dithionite de sodium et l'acide sulfureux. Les personnes asthmatiques sont particulièrement sensibles aux produits de sulfitage; on estime que 5 % à 10 % des asthmatiques éprouvent des difficultés à respirer après avoir consommé des aliments contenant des sulfites.

Les produits de sulfitage servent à préserver la couleur et la fraîcheur des aliments. On les trouve dans les aliments suivants :

– fruits et légumes séchés, jus de fruits, pommes et champignons tranchés et congelés;

- boissons (alcooliques et non alcooliques), notamment le vin et le jus de raisin (dans le cas des boissons alcooliques, la loi n'oblige pas le fabricant à indiquer sur l'étiquette la présence de sulfite);
- glucose solide et sirop de glucose, ainsi que dextrose (utilisé en confiserie);
- confitures, gelées et marmelades;
- mélasse;
- gélatine;
- mincemeat;
- marinades et relishs;
- pâte de tomate, pulpe de tomate, ketchup, purée de tomate;
- miettes de thon en conserve, crustacés;
- pommes de terre prépelées.

Si la loi autorise l'utilisation des produits de sulfitage, elle n'en fait pas une obligation. Sauf pour les boissons alcooliques[2], leur présence doit être indiquée sur l'étiquette du produit.

Depuis 1987, à la suite d'incidents graves, l'addition de sulfites, sur les fruits et légumes destinés à être mangés crus, est interdite, sauf sur les raisins frais. On ne devrait donc plus en trouver dans les salades présentées dans les buffets ou vendus sur les comptoirs des épiceries.

Le glutamate monosodique (MSG)

Le glutamate monosodique est utilisé pour rehausser la saveur des légumes et des viandes. Il est un composant naturel des protéines, notamment celles de la viande, du poisson et des produits laitiers. On en trouve dans certains légumes, particulièrement dans les champignons. Les protéines végétales hydrolysées, qui servent à l'assaisonnement des soupes et des sauces préparées commercialement, en contiennent des quantités importantes. Le MSG vendu sous la forme de cristaux blancs est obtenu par synthèse chimique ou biologique. Ce produit est largement utilisé dans la cuisine asiatique, si bien que l'on a donné le nom de « syndrome du restaurant chinois » à une forme d'allergie causée par ce produit et qui se manifeste

---

2. Une modification de la *Loi* et du *Règlement sur les aliments et drogues* obligeant les fabricants à déclarer la présence de sulfites dans les boissons alcooliques est actuellement à l'étude.

par des sensations de brûlure, de tension au visage et de douleurs à la poitrine. Il s'agit d'une gêne temporaire et sans danger qui survient environ 20 minutes après l'ingestion de la substance et qui disparaît environ deux heures plus tard.

En vertu des règlements fédéraux, la présence de MSG ou de protéines hydrolysées dans un produit doit être déclarée sur l'étiquette. Les personnes sensibles doivent donc consulter les étiquettes et s'informer, au restaurant, sur la présence de ce produit dans les mets commandés. En cas de doute, on prendra du pain ou des craquelins avec le repas, car cela peut aider à atténuer la réaction allergique.

L'aspartame

L'aspartame est un substitut du sucre autorisé dans les boissons gazeuses, les céréales à déjeuner, les mélanges pour desserts, la gomme à mâcher, certaines tartinades et certains produits de confiserie à teneur réduite en calories.

Au cours de la digestion, l'aspartame se décompose en deux produits : l'acide aspartique et la phénylalanine. Les personnes souffrant de phénylcétonurie, trouble du métabolisme de la phénylalanine, doivent s'abstenir de consommer des aliments contenant de l'aspartame.

Signalons que l'aspartame est mis sur le marché sous le nom commercial de Nutra-Suc. On trouvera au chapitre 7 plus d'information sur l'utilisation des substituts du sucre.

Les colorants

Contrairement aux autres additifs, qui doivent figurer nommément sur la liste des ingrédients, les colorants peuvent, en vertu de la *Loi des aliments et drogues*, n'être mentionnés que sous le nom générique de *colorant*. Or, plusieurs consommateurs souhaiteraient connaître les colorants utilisés, soit à cause de problèmes d'allergie, soit par crainte d'effets toxiques. On sait, par exemple, que certains asthmatiques sont allergiques à la tartrazine, un colorant jaune[3]. D'autre part, bien qu'on les

---

3. *La Gazette du Canada*, partie 1, 17 septembre 1992, mentionnait l'intention de Santé nationale et Bien-être social Canada de modifier le *Règlement sur les aliments et drogues* dans le but d'obliger les fabricants à nommer la tartrazine dans la liste des ingrédients apparaissant sur l'étiquette.

soupçonne d'avoir des effets cancérogènes sur le fœtus ou d'être toxiques pour celui-ci, certains colorants sont autorisés au Canada parce qu'on estime, à la Direction de la protection de la santé, que leur apport alimentaire est si faible que le risque est négligeable. C'est le cas, entre autres, du rouge citrin n° 2, qui n'est autorisé que sur la pelure d'orange, et du ponceau SX, utilisé dans les écorces de fruit, les fruits glacés et les cerises au marasquin. En limitant les aliments dans lesquels un colorant peut être utilisé et en imposant une limite de tolérance, c'est-à-dire une quantité maximale qui ne peut être dépassée, on maintient à des niveaux acceptables l'exposition des consommateurs à ces produits.

Une autre controverse bien connue a trait à l'association, par Feingold[4], de réactions d'hyperactivité chez les enfants à l'ingestion de colorants synthétiques. Des études à double insu n'ont pu corroborer cette hypothèse.

Les colorants ont une fonction purement esthétique; ils ne contribuent nullement à conserver la qualité des aliments. On a avantage à limiter la consommation d'aliments qui en contiennent, d'autant que ces aliments n'ont souvent aucun intérêt du point de vue de la nutrition : bonbons, boissons, friandises...

Les additifs contenant du sodium ou du potassium
Plusieurs additifs alimentaires sont des sels de sodium ou de potassium. S'ils sont sans danger pour l'ensemble de la population, ces additifs sont toutefois à déconseiller pour les personnes souffrant d'insuffisance rénale. Le tableau 2.3 présente une liste des additifs contenant du sodium ou du potassium ainsi que les aliments dans lesquels ces additifs sont autorisés.

Les attentes des consommateurs
Des enquêtes indiquent que les additifs viennent en tête de liste des préoccupations des consommateurs, avant les pesticides et les bactéries. Mieux que par les enquêtes, c'est par leurs choix au moment de l'achat que les consommateurs signifient leurs attentes et préférences. L'industrie perçoit bien le message.

4. B.P. Feingold, *Why my Child is Hyperactive*, New York, Random House, 1975.

Tableau 2.3 Principaux additifs contenant du sodium ou du potassium et aliments dans lesquels on les trouve.

Additifs	Rôles	Aliments
Nitrites (nitrates) de sodium ou de potassium	Agents de conservation dans la saumure	Jambons et saucissons, certains fromages
Tartrate ou citrate de sodium ou de potassium	Agents de conservation	Confitures, gelées, marinades
Benzoate de sodium	Agent de conservation	Confitures, gelées, marinades, cornichons, ketchups, purée ou pâte de tomate
Sorbates et propionates de sodium ou de potassium	Agents de conservation	Pain, fromages
Bicarbonates, tartrates, phosphates et pyrophosphates de sodium et de potassium	Constituants du bicarbonate de sodium (soda à pâte) et de la levure chimique (poudre à pâte); agents de blanchiment, de maturation et de conditionnement des pâtes	Produits de boulangerie
Sulfites et métabisulfites de sodium ou de potassium	Antioxydant	Fruits séchés, jus, vin, bière, confitures, mélasse
Glutamate monosodique	Agent de sapidité	Bases de soupe, bouillons, mets préparés, mets chinois
Saccharine	Édulcorant de table	Aucun

Ainsi, la vogue des aliments « naturels » et l'importance accordée à une saine alimentation l'ont amenée à offrir de plus en plus d'aliments sans additifs, sans sucre, sans cholestérol.

Si les consommateurs se disent inquiets de l'addition de produits chimiques dans les aliments modernes, ils réclament, en revanche, des aliments qui nécessitent de moins en moins de préparation. Or, les aliments sont essentiellement périssables. On s'illusionne si l'on recherche des plats prêts à consommer dépourvus d'additifs. Il est clair, cependant, que les consommateurs ne sont pas prêts à troquer la sécurité pour des avantages tels que la commodité, l'apparence et la variété. Ils veulent être bien informés afin de faire des choix en toute connaissance de cause. Pour regagner la confiance du public, l'industrie et les gouvernements devront fournir une information objective, complète et compréhensible.

La contamination chimique et le risque de cancer

Tout comme l'air que nous respirons et l'eau que nous buvons, les aliments peuvent contenir des substances cancérogènes. C'est inévitable. Comme on l'a vu dans ce chapitre, les aliments sont contaminés par un grand nombre de substances chimiques dont certaines ont un potentiel cancérogène. De plus, des études récentes ont révélé la formation de composés cancérogènes à la suite de la cuisson ou de la transformation des aliments. C'est le cas des amines hétérocycliques formées durant la cuisson à haute température et des benzopyrènes engendrés par le fumage ou par la cuisson des aliments sur un feu nu (barbecue).

Toutefois, il faut savoir que l'exposition à un cancérogène n'entraîne pas nécessairement la formation d'un cancer. En effet, pour bon nombre de cancérogènes, il existerait un seuil d'exposition en deçà duquel il n'en résulte aucun effet toxique. Les hautes doses auxquelles les animaux de laboratoire sont soumis au cours des tests toxicologiques n'ont rien de comparable avec les quantités trouvées dans les aliments, et le fait qu'une substance soit classée comme potentiellement cancérogène chez l'animal de laboratoire ne signifie pas que sa présence en quantité infime dans les aliments provoquera l'apparition d'un cancer. Outre les différences de doses, il se peut que la substance n'agisse pas de la même façon chez l'humain que chez l'animal.

L'apparition d'un cancer est un phénomène imprévisible. En effet, l'organisme dispose d'un système de défense qui lui permet de détruire ou de réparer les cellules devenues cancéreuses à la suite de l'exposition à des substances mutagènes[5]. Un cancer peut survenir lorsque ce système se dérègle, ce qui est impossible à prévoir.

Par ailleurs, les aliments contiennent des substances susceptibles d'empêcher l'action cancérogène de certains contaminants. C'est le cas de plusieurs vitamines et de nombreux autres composés, comme les fibres, les antioxydants et les indoles. On sait que de telles substances protectrices existent dans les fruits et les légumes, notamment les indoles dans la famille des choux.

Les études épidémiologiques[6] suggèrent que 35 % des cancers sont dus aux habitudes alimentaires, alors que le pourcentage attribuable à la présence d'additifs ou de contaminants dans les aliments serait beaucoup plus faible (1 % à 2 %).

Selon le Food and Nutrition Board du National Research Council[7] des États-Unis, on observe moitié moins de cancers liés à l'alimentation dans les pays où le régime comprend peu de graisses et est constitué surtout de fruits, de légumes et de produits céréaliers.

Un régime semblable a aussi l'avantage de réduire les risques de maladies cardio-vasculaires.

Le nouveau guide alimentaire canadien (1992) insiste sur l'importance d'un régime alimentaire varié comprenant beaucoup de produits céréaliers, de fruits et de légumes. Il préconise une réduction des graisses alimentaires. Actuellement, les

5. Mutagène : substance capable de modifier le code génétique, lequel contrôle la croissance et la reproduction des cellules.
6. R. Doll et R. Peto, *The Causes of Cancer*, Oxford, Oxford University Press, 1981, p. 1256-1260.
7. National Research Council, *Diet, Nutrition and Cancer*, Washington, National Academy Press, 1982, p. 14.

graisses représentent environ 38 % de l'apport calorique, alors que les experts en nutrition estiment qu'elles ne devraient constituer que 30 % des calories. On recommande donc de manger moins de viandes grasses, de fritures et de sauces grasses, de diminuer l'apport en beurre, en margarine, en mayonnaise et en vinaigrettes, de choisir les produits laitiers dont la teneur en gras est faible, comme le lait à 1 % ou à 2 % et les fromages et les yogourts faits de lait partiellement écrémé.

Un régime alimentaire très varié a aussi l'avantage de réduire les risques d'exposition aux mêmes contaminants chimiques, diminuant ainsi les risques pour la santé. « C'est la dose qui fait le poison », disait Paracelse au XVIe siècle. C'est encore vrai aujourd'hui.

Les personnes à risque

Nous ne sommes pas tous égaux devant la maladie. Certains individus sont susceptibles d'avoir une réponse plus sérieuse à une même dose de contaminant, qu'il s'agisse de microorganismes, de produits toxiques naturellement présents dans les aliments ou de contaminants chimiques. C'est le cas notamment des femmes enceintes, des nourrissons, des personnes âgées et des personnes déjà affectées par la maladie ou par une déficience du système immunitaire.

Les femmes enceintes doivent être particulièrement vigilantes. Certains contaminants peuvent provoquer une fausse couche ou une naissance prématurée. Ils peuvent être transmis au fœtus et être parfois la cause de malformations, mais plus souvent d'une naissance prématurée, d'un petit poids à la naissance, d'un retard du développement moteur ou mental.

Chez les nourrissons, les moyens de défense et d'élimination des toxiques de l'organisme ne sont pas suffisamment développés. De plus, comparativement à l'adulte, une même exposition représente une dose plus forte par unité de poids et présente, de ce fait, un risque plus sérieux.

Chez les personnes âgées, plusieurs fonctions sont ralenties, dont celles chargées de l'élimination des substances toxiques. De plus, le système immunitaire, qui permet à l'organisme de se défendre contre les infections, est moins efficace, ce qui augmente les risques d'intoxication. Les mêmes remarques s'appliquent aux personnes déjà atteintes par la maladie, surtout si cette maladie affecte le système immunitaire.

Les personnes allergiques réagissent de façon totalement démesurée à certaines substances auxquelles elles sont sensibles. Les symptômes peuvent apparaître immédiatement après l'ingestion de l'aliment ou quelques heures plus tard. Les réactions immédiates se traduisent par des troubles gastro-intestinaux (vomissements, diarrhées) ou par des difficultés respiratoires. On assiste parfois à un état de choc (choc anaphylactique) qui peut mettre la vie en danger. Les réactions différées se traduisent par des lésions cutanées, de la fatigue, de la douleur, des malaises.

Selon la Direction de la protection de la santé[8], les aliments les plus souvent en cause dans les allergies alimentaires sont :
- les produits à base de maïs;
- les produits laitiers et le lactose;
- les produits contenant des œufs;
- les graisses et les huiles animales;
- les poissons et les fruits de mer;
- le glutamate monosodique;
- les arachides, les fèves soya, les noix, les graines et leurs huiles ou extraits;
- les sulfites;
- la tartrazine;
- le blé et le gluten.

Le *Règlement sur l'emballage et l'étiquetage des produits de consommation* oblige l'industrie à indiquer tous les ingrédients qui entrent dans la composition d'un produit alimentaire mais autorise parfois l'usage d'un nom générique comme *colorant* ou *huile végétale*. Cette loi sera modifiée prochainement de façon que l'atrazine et l'huile d'arachide soient spécifiées nommément sur les étiquettes.

---

8. Santé nationale et Bien-être social Canada, Direction générale de la protection de la santé, « Réactions contraires fâcheuses aux aliments et inspection des ingrédients des fast food », dans *Actualités*, 25 octobre 1989.

Le problème de la présence d'allergènes se pose davantage avec les aliments consommés au restaurant. Certaines chaînes de restauration rapide fournissent, à ceux qui en font la demande, la liste des ingrédients entrant dans les recettes.

Les personnes souffrant d'allergies alimentaires peuvent recevoir plus d'information et de soutien auprès de l'Association québécoise des allergies alimentaires, dont on trouvera l'adresse à l'Annexe A.

C H A P I T R E **3**

Le lait et les produits laitiers

Pour tout Québécois, le lait est associé à l'idée de fraîcheur, de santé, de plaisir. C'est l'aliment par excellence des jeunes et des moins jeunes, car il fournit les éléments nécessaires à la croissance et à la réparation des tissus. C'est une excellente source de protéines, de vitamines et de minéraux.

La production laitière est le joyau de l'agriculture au Québec : troupeaux sélectionnés, rendements élevés, mécanisation des opérations de traite, usines de transformation modernes, tout cela permet de livrer chaque jour au consommateur un produit frais, « vachement bon », qu'il peut boire en toute sûreté puisqu'il est obligatoirement pasteurisé.

Il n'en a pas toujours été ainsi. En effet, le lait est un milieu de culture idéal pour les bactéries et, dans le passé, il a été à l'origine de grandes épidémies qui ont fait périr des milliers de personnes (voir encadré 3.1). La pasteurisation, obligatoire dans plusieurs provinces canadiennes, dont le Québec, détruit la plupart des bactéries pathogènes; toutefois, elle ne les élimine pas totalement et, pour éviter leur prolifération et celle des bactéries provoquant le surissement, il faut garder le lait à basse température.

Rappelons que la pasteurisation altère peu la valeur nutritive du lait. Seules la vitamine C et la thiamine sont détruites. On trouvera la vitamine C dans les fruits et légumes, la thiamine dans la viande et les céréales.

Les dangers liés à la consommation de lait cru.

Produire du lait qui satisfait aux normes bactériologiques fixées par l'État, c'est tout un défi. Cela nécessite des installations modernes de traite, de refroidissement et de conservation du lait à la ferme et pour les producteurs, le respect très rigoureux de mesures d'hygiène à la ferme.

Plusieurs des bactéries présentes dans le lait cru sont pathogènes pour l'être humain et certaines se développent même si le lait est maintenu à basse température. C'est le cas de *Listeria monocytogenes*. Une toxi-infection à *Listeria*, chez une personne en bonne santé, ressemble à une grippe. Elle souffrira de frissons, de maux de tête, de douleurs musculaires, de douleurs abdominales et de diarrhée. Chez la femme enceinte, les conséquences peuvent être plus graves : fausse-couche ou mortinaissance. Chez les jeunes enfants dont le système immunitaire n'est pas encore totalement développé et chez les personnes immunodéficientes, *Listeria* peut entraîner une septicémie (infection du sang) ou une méningite.

Les bactéries n'ont pas toutes la même virulence. S'il faut un million de *E. coli* pour causer une toxi-infection, il suffit, comme on l'a démontré, de la présence de une à six bactéries de type *Salmonella typhimurium* pour causer la fièvre typhoïde[1]. On sait que le lait cru a été à l'origine de graves épidémies de typhoïde.

Heureusement, aujourd'hui, l'amélioration des troupeaux laitiers a pratiquement fait disparaître la brucellose et la tuberculose bovine, maladies qui se transmettaient aux humains par le lait. Par contre, partout dans le monde, on observe une augmentation des bactéries résistantes aux antibiotiques, ce qui compromet le traitement des toxi-infections qui pourraient résulter de la consommation de lait cru. Boire du lait cru, c'est s'exposer inutilement.

La vente de lait cru est défendue au Québec et dans plusieurs provinces; elle le sera bientôt à l'échelle nationale[2]. On trouve cependant encore du lait cru sur la table de nombreuses familles d'agriculteurs. Il leur est conseillé de pasteuriser le lait à la maison. Il suffit pour cela de chauffer le lait au point d'ébullition et de le refroidir rapidement.

1. J.-Y. D'Aoust, « Infective Dose of *Salmonella typhimurium* in Cheddar Cheese », *American Journal of Epidemiology*, 1985, vol. 122, p. 717-720.
2. Santé nationale et Bien-être social Canada, Direction générale de la protection de la santé, « Boire du lait cru, un risque inutile », *Actualités*, 19 septembre 1991.

La conservation du lait

Pour maintenir la fraîcheur du lait, on doit le garder au réfrigérateur, entre 1°C et 4°C. Au magasin, on doit vérifier la date limite de conservation (« meilleur avant »). Le lait se conserve une dizaine de jours s'il est gardé constamment au réfrigérateur. La conservation sera plus courte si le lait séjourne à la température de la pièce pendant de longues périodes, durant les repas par exemple. On évitera de reverser, dans le contenant original, du lait qui a séjourné à la chaleur.

Le lait UHT est un lait traité à ultrahaute température, ce qui élimine les bactéries pathogènes et celles qui provoquent le surissement : ce lait est stérile et peut être conservé sans réfrigération. On recommande de le consommer en moins de trois à quatre mois, car on observe une altération de la saveur et la formation de dépôts au cours d'un entreposage prolongé. Une fois que le contenant est ouvert, on doit conserver le lait au réfrigérateur.

La crème est obligatoirement pasteurisée. La crème ultrapasteurisée doit également être réfrigérée, mais elle présente l'avantage de se conserver plus longtemps, soit environ 45 jours si le contenant n'est pas ouvert. (Voir aux tableaux 1.3 et 1.4 les durées de conservation des produits laitiers, au réfrigérateur ou au congélateur.)

Les résidus dans les produits laitiers

Les vaches laitières sont sujettes à des infections et plus particulièrement à la mammite. Or, ces maladies se traitent à l'aide d'antibiotiques qui peuvent passer dans le lait et causer des réactions allergiques chez certains consommateurs. La présence d'antibiotiques dans le lait inhibe également l'activité des ferments lactiques nécessaires à la fabrication du yogourt et du fromage. La *Loi des aliments et drogues* interdit donc la présence de résidus de médicaments vétérinaires dans le lait et les autres produits laitiers. Elle exige que le lait des vaches traitées aux antibiotiques soit jeté pour une période variant selon l'antibiotique utilisé. On prélève des échantillons de lait à la ferme sur chaque livraison de lait et on effectue des analyses à l'usine. La présence d'antibiotiques entraîne le rejet du lait et l'imposition de pénalités aux contrevenants.

Les pesticides utilisés dans les pâturages, sur le foin et d'autres plantes fourragères peuvent aussi se retrouver dans le lait. Il en est de même des pesticides vaporisés dans les étables ou sur les animaux. C'est pourquoi on recommande aux producteurs laitiers de n'utiliser que des produits qui se dégradent rapidement et ne laissent pas de résidus. Depuis que l'utilisation des pesticides organochlorés a été éliminée en agriculture, leur

Encadré 3.2

Le cas de la somatotropine bovine.

La production de lait chez la vache est stimulée par une hormone appelée somatotropine bovine (BST). Plusieurs firmes ont réussi à produire cette hormone par génie génétique et des études ont démontré qu'il est possible d'augmenter la production laitière de 15 % à 25 % en l'administrant à l'animal par des injections mensuelles[1].

Selon les toxicologues, l'utilisation de cette hormone ne présente aucun danger pour le consommateur, d'autant plus qu'elle est détruite par son système digestif. Mais plusieurs intervenants du dossier de l'homologation souhaitent qu'on tienne aussi compte des enjeux socio-économiques d'une telle décision, par exemple la disparition des petites fermes laitières au profit des grandes entreprises.

La somatotropine n'est autorisée actuellement ni au Canada ni aux États-Unis, où l'on a toutefois autorisé la vente du lait provenant d'animaux traités expérimentalement. Déjà des groupes de consommateurs s'inquiètent et certaines laiteries américaines indiquent que leurs produits sont faits avec du lait provenant de vaches qui ne sont pas traitées au BST. S'il arrive que le produit soit autorisé, il est possible que l'industrie hésite à l'utiliser advenant une réaction négative des consommateurs.

1. M.A. Martin, « Potential Economic Impacts of Agricultural Biotechnology », dans *Agricultural Biotechnology, Food Safety and Nutritional Quality for the Consumer*, New York, Cornell University, 1990.

concentration dans le gras du lait a continuellement diminué et, selon le rapport annuel (1990-1991) d'Agriculture Canada[1], les résidus de pesticides organochlorés dans le lait ne sont plus un sujet de préoccupation; les concentrations sont en deçà du seuil de détection.

L'utilisation de stéroïdes est interdite chez la vache laitière (voir chapitre 4). Ces hormones visent à stimuler la croissance des muscles et n'ont aucun intérêt pour les producteurs de lait. Cependant, on étudie présentement la possibilité d'utiliser un autre type d'hormone, la somatotropine, dans le but d'accroître la production laitière.

Les produits laitiers de culture

Yogourt, kéfir, babeurre, crème sure et cottage sont tous fabriqués à partir de lait ou de crème pasteurisés, auxquels on ajoute des cultures bactériennes spécifiques. Tous ces produits doivent être gardés au froid.

La formation de liquide dans les contenants de yogourt ou de crème sure n'est pas un signe de détérioration. En revanche, il faut jeter un produit de culture à l'apparition de moisissures ou de bulles dénotant de la fermentation. Les dates limites de conservation (« meilleur avant ») indiquent la durée de conservation prévue par le fabricant dans les conditions de froid prescrites.

Les desserts glacés

Ces produits étant faits avec du lait ou de la crème pasteurisés, ou avec les deux, ils doivent absolument être conservés au congélateur et se consomment à l'état glacé, si bien que les risques bactériens sont à peu près inexistants.

En fait ce qui préoccupe les consommateurs de desserts glacés, c'est la longue liste d'additifs qu'on y trouve. Plusieurs de ces additifs appartiennent au groupe des agents stabilisants,

---

1. Agriculture Canada, *Annual Report on Chemical and Biological Testing of Agri-Food Commodities during the Fiscal Year 1990-1991.*

émulsifiants ou épaississants et ils ne doivent pas, comme groupe, dépasser une limite fixée par la *Loi des aliments et drogues*. Il s'agit en général des gommes extraites de plantes ou d'algues ou encore des celluloses modifiées. L'emploi de plusieurs additifs permet d'en utiliser une quantité totale moindre parce que leurs propriétés se conjuguent.

Les fromages

Selon la *Loi des aliments et drogues*, tout fromage doit être fait à partir de lait pasteurisé, à moins qu'il ne s'agisse de fromage qui sera entreposé 60 jours ou plus. Dans ce cas, la date de fabrication doit être indiquée sur l'étiquette.

Certains critiquent cette loi, alléguant qu'elle limite la production et l'importation à des produits standardisés dont les qualités gustatives sont bien inférieures à celles des fromages fabriqués selon les méthodes traditionnelles à partir de lait non pasteurisé.

Les autorités justifient le maintien de cette réglementation en arguant que les moyens de distribution modernes permettent à un produit d'atteindre des milliers d'individus, multipliant ainsi les conséquences dramatiques de la présence éventuelle de bactéries nocives. On en donne pour exemple une intoxication qui a causé la mort de 47 personnes en Californie, en 1985, et qui a été attribuée à la présence de *Listeria monocytogenes* (voir tableau 1.1) dans un fromage mexicain préparé avec du lait cru[2].

Certes, la pasteurisation du lait n'élimine pas tous les risques, car le lait peut être contaminé durant les opérations ultérieures; c'est toutefois une mesure efficace et facile à appliquer et à contrôler.

On inocule des moisissures dans certains fromages pour leur conférer une saveur particulière, par exemple le Roquefort, ou pour amener la formation d'une croûte blanchâtre, comme sur le Brie ou le Camembert. Ces moisissures sont inoffensives.

---

2. J.-Y. D'Aoust, « Manufacture of Dairy Products from Unpasteurised Milk : A Safety Assessment », *Journal of Food Protection*, vol. 52, n° 12, 1989, p. 906-914.

Toutefois, si d'autres types de moisissures se forment durant l'entreposage, on doit les éliminer en coupant une portion importante du fromage.

Pour pouvoir apprécier toute la saveur de certains fromages, il est préférable de les consommer à la température de la pièce. On verra donc à sortir du réfrigérateur, au moins une heure avant le repas, tout juste la quantité de fromage que l'on prévoit consommer, car à la température ambiante le fromage se détériore rapidement.

4

Les viandes, les volailles et les œufs

Il est actuellement de bon ton dans certains cercles de dénigrer la consommation de viande. On le fait par souci écologique : l'élevage d'animaux de boucherie accapare de grandes superficies et cause de la pollution. On le fait en dénonçant le traitement que subissent les animaux dans les élevages intensifs et l'emploi des produits chimiques qu'on leur administre. Enfin, on voit la viande comme une source de graisses saturées et de cholestérol nuisibles à la santé.

Qu'on mange trop de viande, c'est un fait. On pourrait couper de moitié la consommation de viande et ce serait bénéfique à tout point de vue. En réduisant les portions de viande pour les remplacer par des légumineuses, des fruits et des légumes, on diminue l'apport en graisses saturées, lesquelles sont un facteur de risques de maladies cardio-vasculaires.

Mais se priver complètement de viande alors qu'un régime varié constitue la façon la plus simple de se procurer tous les éléments nutritifs essentiels à la santé, voilà qui est excessif ! On peut certes se passer de viande et même, à la limite, de produits animaux tels que le lait, le fromage et les œufs. Mais il faut pour cela de solides connaissances en nutrition et se montrer d'une extrême vigilance en composant sa ration alimentaire de façon à répondre à tous ses besoins nutritionnels. Sinon, on s'expose à des carences qui auront des conséquences tout aussi négatives pour la santé.

Le végétarisme est une option valable mais extrême. Et, contrairement à ce que certains adeptes prétendent, il ne constitue pas une solution aux problèmes fort complexes que sont la pollution et la faim dans le monde.

Les méthodes modernes d'élevage

Aujourd'hui, l'élevage est une industrie et, comme telle, elle doit répondre aux critères de productivité et de rentabilité. On est loin de la ferme d'autrefois qui visait à l'autosuffisance de la famille et où se côtoyaient vaches, poules et cochons. Les élevages sont spécialisés, regroupent des centaines et même des milliers d'animaux dans des locaux conçus pour permettre l'automatisation des opérations.

Pour optimiser les rendements, on doit fournir aux animaux une alimentation scientifiquement calculée, des soins vétérinaires appropriés et parfois faire appel à des stimulants de croissance.

La viande doit répondre aux critères de qualité établis par les gouvernements et aux désirs des consommateurs. C'est dans ce but que, par sélection génétique et bientôt par manipulation génétique, on arrive à créer des races qui produisent une viande plus maigre en un temps de plus en plus court.

Le mode d'alimentation très contrôlé des animaux a pratiquement éliminé la présence de parasites dans les viandes. En revanche, la concentration d'animaux crée des conditions qui favorisent la propagation de maladies. Il existe maintenant plusieurs vaccins pour faire face aux maladies les plus courantes dans les élevages et prévenir les épidémies. Toutefois, des infections peuvent se produire, surtout lorsque les installations sont inadéquates. Dans les immenses poulaillers, l'air devient vite irrespirable si la ventilation est insuffisante. Il en est de même dans les parcs d'engraissement où s'entassent des milliers de bêtes. Le recours aux médicaments vétérinaires est donc souvent indispensable.

Les résidus dans la viande

Plusieurs consommateurs s'interrogent sur l'innocuité de la viande produite par ces méthodes intensives, vu les résidus qui peuvent persister dans les tissus des animaux.

Les résidus de médicaments vétérinaires

Avant qu'on en autorise l'usage, tout médicament vétérinaire doit avoir subi des tests visant à démontrer son efficacité et son innocuité. Ces tests servent aussi à établir la période de retrait, c'est-à-dire le laps de temps qui doit s'écouler entre l'administration du médicament et l'abattage de l'animal pour que toute trace de résidu médicamenteux soit disparue des tissus de l'animal, ainsi que de son lait ou de ses œufs.

Depuis 1985, on a établi une série de mesures administratives pour réglementer la distribution, la vente et l'utilisation de médicaments vétérinaires au Québec, et cela dans le but de réduire les résidus dans les viandes, lesquels pouvaient compromettre l'exportation dans les autres provinces et à l'étranger. Ces mesures se sont montrées efficaces, car les rapports des services d'inspection révèlent très peu d'infractions dans les produits domestiques. Ainsi, alors que la présence de sulfamides dans le porc présentait un problème sérieux il y a quelques années, la conformité à la norme pour l'année 1990-1991 était de 99,59 % selon Agriculture Canada. Dans les contrôles de routine, on n'a trouvé aucune infraction pour ce qui est des antibiotiques dans la viande et la volaille au cours de cette même année[1]. La viande provenant d'autres pays est aussi inspectée dans le pays d'origine et au Canada. Elle doit correspondre aux mêmes critères que ceux qui s'appliquent aux produits domestiques.

Les hormones

L'utilisation d'hormones stéroïdes suscite beaucoup de craintes chez les consommateurs. On l'associe aux anabolisants utilisés par certains athlètes et qui entraînent, chez eux, des perturbations physiques importantes.

Au Canada, seul l'usage d'hormones naturelles, celles mêmes qui sont sécrétées par l'animal, est autorisé et cela uniquement chez les bovins de boucherie. Les quantités administrées

---

1. Agriculture Canada, *Annual Report on the Chemical and Biological Testing of Agri-Food Commodities During the Fiscal Year 1990-1991*, p. 23.

chez ces jeunes animaux est inférieure à celles que l'on mesure chez l'animal adulte; leur présence dans la viande ne peut se traduire par une activité hormonale chez l'humain, d'autant plus que les hormones naturelles sont détruites par la digestion.

Avec les hormones, comme avec les médicaments vétérinaires, les problèmes surviennent lorsque les producteurs ne respectent pas les règles d'utilisation ou encore se procurent des produits interdits. C'est pourquoi des inspecteurs sont postés dans les abattoirs, examinent les carcasses et les organes internes et éliminent tout ce qui leur paraît suspect. Au Canada, la viande est certainement le produit alimentaire le plus étroitement surveillé.

Les résidus de pesticides

Tout comme le lait, la viande peut receler des résidus de pesticides provenant de l'utilisation de produits pour éliminer les poux ou autres parasites extérieurs ou pour combattre la présence de mouches ou d'insectes dans les bâtiments de ferme. Des résidus de pesticides sur les grains et autres composantes de l'alimentation des animaux peuvent aussi se retrouver dans la viande. Les produits les plus persistants, les organochlorés, sont ceux qui ont été le plus souvent détectés. Toutefois, comme ils ne sont plus utilisés depuis près de 20 ans, on observe un déclin très net des résidus de ces insecticides dans les graisses animales.

Le principal risque lié à la consommation de la viande est la contamination bactérienne et la présence possible de parasites. Nous examinerons plus loin les problèmes particuliers à chaque catégorie de viande.

La transformation de la viande

La salaison

La salaison consiste à faire reposer la viande dans de la saumure, ce qui crée des conditions défavorables à la prolifération bactérienne et, de ce fait, augmente la durée de conservation de la viande.

Aujourd'hui, la salaison est utilisée davantage pour la saveur et la couleur particulière qu'elle confère à la viande, la conservation étant aussi assurée par la réfrigération. Parmi les viandes traitées par salaison, mentionnons le jambon, le bacon, le bœuf salé (*corned beef*) et de nombreux saucissons.

En plus du sel, la saumure contient des nitrites, agents de conservation qui empêchent la prolifération du *Clostridium botulinum*, bactérie très virulente (voir tableau 1.1) qui pourrait se développer au cours du trempage dans la saumure. On doit aussi aux nitrites la couleur rosée que prend la viande et la saveur qui caractérise les produits de salaison.

Dans certaines conditions, ces nitrites peuvent toutefois former des nitrosamines cancérogènes. Aussi, l'usage en est réglementé par la *Loi des aliments et drogues*, qui spécifie les quantités pouvant être ajoutées dans les salaisons. De plus, l'industrie ajoute à la saumure de l'acide ascorbique ou de l'acide érythorbique pour empêcher la formation de nitrosamines. Les risques pour la santé sont négligeables, à la condition de consommer avec modération les viandes ainsi traitées.

Le fumage

Autrefois, le fumage servait à prolonger la conservation des aliments. Les viandes et les poissons, préalablement salés, étaient exposés à la fumée produite par un feu de bois ou de tourbe. La fumée ayant des propriétés antioxydantes et antibactériennes, les aliments ainsi traités pouvaient se conserver plus longtemps que les aliments frais, la durée de conservation variant selon les températures atteintes durant le procédé, le degré d'humidité résiduelle et l'intensité du fumage.

Toutefois, la fumée contient aussi des composés nocifs, les benzopyrènes, et des études épidémiologiques ont révélé un nombre plus élevé de cancers des voies digestives chez les populations grandes consommatrices d'aliments fumés.

Avec les méthodes modernes de fumage, on a considérablement réduit la formation de ces composés nuisibles. On utilise comme combustible de la sciure de bois dont on contrôle la température de combustion, de façon à minimiser la formation de benzopyrènes. De plus, en augmentant la distance entre le foyer et les aliments et en filtrant la fumée, on réduit le risque de dépôts sur les aliments fumés.

D'autre part, à cause de contraintes environnementales, l'industrie utilise de plus en plus la fumée liquide. Il s'agit d'un condensat de fumée, débarrassé en grande partie de ses composantes toxiques. La fumée liquide est atomisée dans le fumoir. On a aussi recours à des arômes de fumée naturels ou artificiels, qui sont ajoutés directement dans l'aliment pour remplacer le fumage ou pour augmenter la saveur obtenue par fumage.

La fumée étant considérée comme un additif alimentaire, l'étiquette des produits fumés doit porter la mention « fumée » dans la liste des ingrédients, que ces produits aient été traités dans un fumoir avec de la fumée produite par de la sciure ou avec de la fumée liquide. On indiquera « saveur de fumée » ou « arôme artificiel de fumée » selon que la substance aromatisante ajoutée dans l'aliment est un produit naturel ou de synthèse.

En ce qui concerne la protection de la santé, on considère que l'utilisation de la fumée liquide présente un avantage sur la méthode classique. Au Canada, les concentrations en benzopyrènes dans les aliments fumés sont très faibles et les aliments fumés constituent un risque négligeable pour la santé s'ils font partie d'un régime alimentaire varié et s'ils sont consommés avec modération.

Les viandes de boucherie

Le bœuf et le veau

La viande de bœuf produite au Canada est de haute qualité. L'amélioration des races de boucherie a amené une réduction importante de la teneur en graisses. Une étude[2] menée en 1987 par Agriculture Canada révélait que le bœuf était, en moyenne, 50 % plus maigre qu'antérieurement.

---

2. Agriculture Canada, Division du développement du secteur alimentaire, *Le panier à provision*, Communiqué spécial, mai 1987.

Selon les rapports annuels d'Agriculture Canada, la présence de résidus de médicaments vétérinaires supérieurs aux normes est quasi inexistante et cela aussi bien dans le bœuf que dans le veau, même si ce dernier demande plus de médication, étant un animal jeune et plus sujet aux infections.

Avec les méthodes modernes d'élevage et d'alimentation du bétail, la présence de parasites a été pratiquement éliminée. Néanmoins, si l'on envisage de manger du bœuf cru, en steak tartare par exemple, il vaut mieux utiliser de la viande qui a été congelée commercialement. Les parasites sont détruits par la congélation à très basse température, soit -23°C pendant au moins 10 jours, degré de froid qu'on ne peut atteindre dans un congélateur domestique.

La cuisson détruit les parasites et les bactéries à part quelques exceptions. Une température intérieure de 58°C (viande saignante) est généralement suffisante pour détruire les parasites. Toutefois, la viande doit être cuite jusqu'à une température intérieure de 70°C pour que les bactéries soient détruites. La consommation de viande saignante est à déconseiller, surtout chez les personnes à risque : personnes âgées, personnes immunodéficientes, femmes enceintes.

Chaque année, particulièrement durant l'été, on signale des cas de colite hémorragique dus à la consommation de viande hachée insuffisamment cuite[3]. Les symptômes de cette maladie se manifestent de deux à quatre jours après l'ingestion de l'aliment contaminé et persistent de deux à neuf jours. Ils prennent la forme de crampes abdominales, suivies d'une diarrhée sanguinolente; souvent, le malade est sujet à des vomissements mais rarement à de la fièvre. Chez les enfants, la maladie s'aggrave parfois d'une complication sérieuse aux reins.

Les bactéries provoquant cette maladie se développent à la surface des viandes crues et sont habituellement éliminées par la cuisson. Toutefois, dans la viande hachée, les bactéries sont distribuées uniformément dans la viande par le hachage. Seule une cuisson qui élimine la coloration rose à l'intérieur de la viande assure la destruction des bactéries.

---

3. MAPAQ, Communiqué de presse, 29 juin 1989.

Lorsqu'on utilise le barbecue, la viande hachée est souvent très cuite à l'extérieur mais saignante au centre. Pour éviter tout risque d'infection, placez la viande de façon à obtenir une cuisson plus uniforme et plus complète. Évitez aussi tout contact entre la viande hachée et les aliments qui seront mangés crus, comme les amuse-gueule ou les salades.

Les abats

Les abats sont les organes comme le foie, les rognons, la cervelle, les ris, le cœur. Ce sont des viandes qui se gâtent très

Tableau 4.1   Concentration moyenne de cadmium dans le foie et les rognons de cerfs mâles de Virginie et d'orignaux, et comparaison avec les foies et rognons d'animaux de boucherie.

Animaux	Territoire	Concentration de cadmium (mg/kg poids frais)	
		Foie	Rognons
Cerfs de Virginie	Anticosti	0,29	4,43
	Gaspésie,		
	Bas-Saint-Laurent	0,52	5,3
	Outaouais, Laurentides	0,75	8,19
Orignaux	Anticosti, Gaspésie,		
	Bas-Saint-Laurent	1,04	8,17
	Outaouais, Estrie,		
	Témiscamingue	2,4	12,16
	Abitibi	4,6	15,35
Poulet		0,06	
Bœuf		0,15	0,6
Porc		0,09	0,26

Adapté de M. Crête et coll., Présence de cadmium dans le foie et les reins d'orignaux et de cerfs de Virginie au Québec, Ministère du Loisir, de la Chasse et de la Pêche, Direction générale de la faune, 1986, p. 39.

rapidement. Si on les achète à l'état frais, il faut les consommer la journée même ou le lendemain au plus tard.

C'est particulièrement dans le foie et les rognons que s'accumulent les métaux lourds et plusieurs autres polluants. Toutefois, comme les animaux de boucherie ont une alimentation surveillée et, d'autre part, une vie très courte, les concentrations qu'on mesure dans leurs organes sont bien en deçà de celles qu'on a mesurées chez certains animaux sauvages, comme le chevreuil et l'orignal (voir tableau 4.1). Il n'y a aucun danger à consommer du foie ou des rognons provenant d'animaux de boucherie.

Le porc

Dans l'Antiquité, la viande de porc était redoutée, car elle est l'hôte d'un parasite, la trichine, qui provoque une infection grave, parfois même mortelle. Ses symptômes sont ceux d'une gastro-entérite avec, en plus, de la fièvre, des douleurs musculaires, de la faiblesse et de l'enflure autour des yeux.

Aujourd'hui, les abattoirs disposent d'une technique exploitant la fluorescence pour détecter les kystes que forme ce parasite; les carcasses infestées sont confisquées. Agriculture Canada signale qu'aucun cas d'infestation n'a été décelé depuis 1983[4]. Par mesure de précaution, la viande de porc ne doit jamais être mangée crue ou saignante. Le parasite étant détruit par la chaleur, une cuisson adéquate (température intérieure 80-85°C) demeure la meilleure mesure de protection. La même règle s'applique pour les saucisses fraîches à base de porc.

De toutes les viandes, le porc est certainement celle dont la transformation est la plus complexe : on en fait des jambons, des saucisses et saucissons, des pâtés et autres spécialités culinaires.

Les jambons

Au sens de la loi, le terme *jambon* s'applique uniquement à la cuisse de porc, mais, dans le langage populaire, on désigne

---

4. Agriculture Canada, *Annual Report on the Chemical and Biological Testing of Agri-Food Commodities During the Fiscal Year 1990-1991*, p. 108.

ainsi la viande de porc traitée par salaison, quelle que soit la partie utilisée. La viande peut être désossée avant d'être salée et placée ensuite dans une résille ou une pellicule qui lui redonne une forme. Après la salaison, le jambon sera cuit ou fumé.

Les jambons cuits sont soumis à la vapeur ou encore moulés et étuvés, ce qui donne le jambon de forme carrée qui sert à préparer les sandwichs. Leur étiquette porte la mention « prêt à manger ». Certains fabricants ajoutent aux jambons cuits un arôme de fumée.

Les jambons fumés sont traités soit avec de la fumée produite par la combustion de sciure de bois ou avec de la fumée liquide. Durant le traitement, la cellule de cuisson est chauffée jusqu'à environ 65°C pour les jambons mi-cuits ou davantage pour les jambons « prêts à manger ». Si l'étiquette du jambon ne porte pas la mention « prêt à manger », c'est qu'il exige une cuisson supplémentaire.

Certains jambons de spécialité sont fortement salés et séchés, ce qui leur donne une chair foncée, légèrement translucide. Le prosciutto et le jambon de Bayonne sont de cette catégorie. Selon le mode de fabrication, ces jambons secs peuvent se conserver suspendus à l'air libre, mais ils sont habituellement réfrigérés pour prévenir la formation de moisissures de surface.

Les saucisses et les saucissons

Les saucisses sont préparées souvent avec du porc ou un mélange de différentes viandes. Les saucisses fraîches doivent toujours être bien cuites, car, en plus des risques de parasites, les nombreuses manipulations à l'usine et l'ajout d'épices multiplient les risques de contamination bactérienne. Certaines saucisses sont vendues déjà cuites; c'est le cas des viennoises (saucisses à hot-dog Wieners) qu'il est conseillé de réchauffer jusqu'à une température interne de 65°C, car de nombreux cas de contamination par *Listeria* ont été signalés. Cette bactérie se développe malgré la réfrigération.

Les saucissons sont cuits ou bien fermentés et séchés. La fermentation augmente le niveau d'acidité, ce qui réduit l'activité bactérienne; par un séchage ultérieur, on réduit encore les risques microbiens. Ces saucissons se reconnaissent à leur couleur foncée et à leurs particules de graisse très apparentes. Les saucissons secs peuvent se conserver sans réfrigération; il se forme alors des moisissures en surface qui ne compromettent pas la qualité du produit. Les salamettis appartiennent à cette classe. Certains saucissons secs sont fumés, ce qui élimine la formation des moisissures de surface. Bien que ces saucissons puissent se conserver sans réfrigération, les fabricants canadiens recommandent souvent de les conserver au réfrigérateur pour plus de sécurité. Les saucissons secs, entiers, constituent un bon choix de viande lorsqu'on ne dispose pas de réfrigération, par exemple au cours d'excursions.

Et il y a aussi les saucissons cuits. Leur couleur est moins foncée et les graisses, étant cuites, ne sont plus aussi apparentes. Le saucisson de Bologne appartient à ce groupe. Ces saucissons doivent être réfrigérés et consommés rapidement.

Les viandes cuites, pâtés et saucissons emballés sous vide se conservent plus longtemps au réfrigérateur, mais il faut toujours respecter la date limite de conservation « meilleur avant » inscrite sur l'emballage. L'absence d'air dans ces emballages favorise la croissance de *Clostridium botulinum* sans donner aucun signe de détérioration. Heureusement, le froid inhibe la prolifération de cette bactérie et il est très important que ces produits emballés sous vide soient réfrigérés jusqu'au moment de leur utilisation. Une fois le produit entamé, réemballez-le et consommez-le au plus tôt.

La viande de cheval

La viande de cheval est soumise aux mêmes normes et aux mêmes contrôles que les autres viandes de boucherie. Cette viande peut être parasitée par la trichine. Les abattoirs chevalins sont munis d'appareils pouvant détecter ce parasite. Chaque carcasse étant examinée minutieusement, aucun cas d'infestation n'a été décelé au Canada.[5]

---

5. Agriculture Canada, *Annual Report on the Chemical and Biological Testing of Agri-Food Commodities During the Fiscal Year 1990-1991*, p. 108.

Le gibier

Seule la vente de gibier d'élevage est autorisée et cette viande est soumise aux directives qui s'appliquent à toutes les viandes de boucherie et à l'inspection gouvernementale. Les produits de la chasse peuvent, en effet, présenter certains risques. La viande d'animaux sauvages est parfois parasitée, et seule une cuisson adéquate réussit à détruire les parasites. Il est déconseillé de manger ces viandes « saignantes ».

La viande d'ours est parasitée par la trichine. La trichinose pouvant être mortelle, la viande doit être très bien cuite.

La tularémie, transmise par le lièvre, s'attrape à la faveur de plaies ou d'égratignures sur la peau. C'est une infection bactérienne qui se manifeste par de la fièvre et un état de faiblesse. Il faut prendre la précaution de bien se laver les mains ou de porter des gants pour le parage et le dépeçage de cet animal.

Les animaux sauvages ont un régime alimentaire très peu varié et ils vivent souvent beaucoup plus longtemps que les animaux de boucherie. Certains polluants atteignent donc, dans leurs tissus, des concentrations très élevées. C'est le cas du cadmium dans le foie et les reins des cervidés dont les taux sont supérieurs à la norme imposée pour la commercialisation de la viande (1 ppm). On a noté des concentrations allant jusqu'à 15 ppm dans les reins des orignaux en Abitibi (voir tableau 4.1). Le ministère du Loisir, de la Chasse et de la Pêche a publié un avis déconseillant la consommation des abats de cervidés : orignaux, caribous, chevreuils. Le fait d'en consommer à l'occasion ne met pas la santé en péril, mais la consommation régulière de ces abats augmente le risque de troubles fonctionnels rénaux.

La volaille

Les poulets d'aujourd'hui n'ont plus la saveur d'antan. Voilà une remarque que l'on entend souvent. Cela tient surtout au fait que les poulets que l'on consomme aujourd'hui sont beaucoup plus jeunes qu'auparavant. Par sélection génétique, on a obtenu des races qui atteignent 2,5 kg, soit le poids le plus rentable, en 42 à 45 jours et les hormones n'ont rien à voir là-dedans, leur utilisation étant interdite dans la volaille. En effet, contrairement à la croyance populaire, tous les poulets sont engraissés aux grains. Ils reçoivent une moulée composée en majeure partie de grains (90 % à 95 %), à laquelle on peut ajouter des stimulants de croissance (antibiotiques à faible dose, arsenicaux et autres).

La présence de salmonelles constitue le problème le plus important en ce qui concerne la volaille. Ces bactéries colonisent l'intestin des oiseaux et contaminent la volaille au cours des opérations d'abattage, d'éviscération et de refroidissement. Il faut donc prendre des précautions pendant la préparation pour empêcher la prolifération des bactéries et éviter les risques de contamination croisée.

La volaille fraîche doit être consommée dans les deux ou trois jours suivant l'achat. Lorsqu'on la prépare, on doit veiller à nettoyer les surfaces de travail et les ustensiles pour ne pas contaminer des aliments qui seront consommés crus.

La décongélation de la volaille

Pour décongeler la volaille, on la met au réfrigérateur. Cette méthode est lente ; il faut compter 10 heures par kilogramme. La décongélation à l'eau froide est plus rapide et particulièrement utile pour les grosses pièces, comme la dinde. Il faut alors compter 2 heures par kilogramme. Il est important de garder l'eau froide et de la changer souvent.

La décongélation à l'air ambiant comporte des risques, parce que les bactéries se multiplient rapidement sur les surfaces qui se réchauffent. Elle est moins rapide que la décongélation dans l'eau froide (3 h/kg)[6]. Si vous devez recourir à cette méthode, placez la volaille dans un sac de papier épais : cels aidera à garder la surface froide pendant que le centre se décongèlera.

La décongélation peut aussi se faire au four à micro-ondes, en suivant les instructions du fabricant. C'est de loin la méthode la plus rapide. Toutefois la cuisson doit se faire aussitôt que la volaille est dégelée.

---

6. Agriculture Canada, Division de la consommation en alimentation, *Repas de groupe et salubrité des aliments*, publication 1764/F, 1984.

Les volailles farcies

Les salmonelles présentes dans les volailles sont détruites par la chaleur, et une cuisson adéquate permet de consommer cette chair en toute sécurité. Rappelez-vous toutefois que la température s'élève plus lentement dans une volaille farcie; on doit donc augmenter le temps de cuisson en conséquence. On déconseille la cuisson par micro-ondes pour les volailles farcies, à cause de la difficulté d'atteindre par ce moyen une température suffisante à l'intérieur de la farce.

C'est parce que les bactéries peuvent se multiplier à l'intérieur de la farce qu'on recommande de ne pas farcir les oiseaux à l'avance et de retirer la farce avant d'entreposer les restes.

La volaille, farcie ou non, doit être bien cuite (température intérieure 82° à 85°C). Pour une dinde de 5 kg à 7 kg, il faut compter environ de 5 à 6 heures à 160°C[7]. Si vous n'avez pas de thermomètre, assurez-vous que le jus qui s'écoule de la viande est clair et non pas sanguinolent. Au moment du découpage, utilisez une planche et des ustensiles propres. Tout ustensile qui a été en contact avec l'oiseau non cuit peut être une source de contamination. Placez les restes au réfrigérateur sans attendre la fin du repas.

La cuisson

Comme nous l'avons vu précédemment, la cuisson détruira les bactéries et les parasites à condition que la chaleur soit suffisante et pénètre jusqu'au centre de la viande ou de la volaille. On trouvera au tableau 4.2 les températures internes recommandées.

La cuisson au barbecue

La cuisson au barbecue a beaucoup d'adeptes. C'est simple et rapide, et cela se fait à l'extérieur, ce qui permet au cuisinier comme aux convives de jouir pleinement des belles journées

---

7. Agriculture Canada, *De la dinde pour tous*, publication 1270/F, 1983.

d'été. Toutefois, les aliments cuits sur le barbecue sont exposés à certains contaminants contenus dans la fumée : les benzopyrènes, reconnus comme cancérogènes. La prudence veut qu'on limite le plus possible l'exposition à ces produits.

Qu'on utilise du bois, des charbons de bois, de l'électricité ou du gaz, il y a formation de benzopyrènes lorsque les graisses qui s'écoulent des aliments viennent en contact avec la source

Tableau 4.2   Températures internes de cuisson recommandées pour les viandes et la volaille.

Denrées	Température interne de cuisson °C
Bœuf	
– saignant*	60
– à point	71
– bien cuit	77
Veau	77
Agneau	
– à point	77
– bien cuit	82
Porc (frais)	77
– jambon cru	77
– jambon cuit	60
Volaille	
– poulet	82-85
– dinde	82-85
Gibier	
– chevreuil	71-77
– orignal	71-77
– lièvre	82-85
– canard	82-85
– oie	82-85

* **La cuisson à 60°C n'est pas suffisante** pour détruire tous les microorganismes susceptibles de causer une toxi-infection alimentaire. Elle n'est donc pas à conseiller aux personnes à risque.

de chaleur, provoquant ainsi des flambées dont la fumée se dépose sur les aliments.

Que devez-vous faire pour limiter les risques ?

Règles à observer

- Sélectionnez des coupes de viande maigre. Le poisson et le poulet présentent évidemment moins de risques.
- Enlevez le gras apparent du porc, du bœuf ou de l'agneau.
- Augmentez la distance entre la source de chaleur et la grille afin que la cuisson soit plus lente.
- Poussez les braises d'un côté ou vers le centre et évitez de placer les aliments directement au-dessus. Les flambées provoquées par l'écoulement de graisses seront ainsi moins fréquentes.
- Égouttez bien la marinade avant de déposer la viande sur la grille.
- Pour badigeonner la viande durant la cuisson, utilisez une sauce non grasse.
- Enveloppez les aliments dans du papier d'aluminium : ils n'en seront que plus juteux et tout aussi caramélisés.
- Enlevez les parties qui sont calcinées.

La cuisson au barbecue peut aussi entraîner certains risques de contamination bactériologique si la viande n'est pas cuite jusqu'au centre. Aussi, il est conseillé de ne pas griller de la viande congelée, car la partie extérieure sera très cuite, alors que le centre n'aura pas atteint une température suffisante pour détruire les bactéries.

Il vaut mieux cuire partiellement les grosses pièces de viande au four traditionnel ou au four à micro-ondes, avant de les placer sur le barbecue. De cette façon, la cuisson sera plus uniforme.

Enfin, évitez de placer la viande cuite sur l'assiette utilisée préalablement pour apporter la viande crue.

La cuisson au four à micro-ondes

Dans le domaine culinaire, le four à micro-ondes est l'invention technique la plus marquante de la dernière décennie. Il se retrouve aujourd'hui dans la plupart des cuisines canadiennes et la vente d'aliments préparés en vue de ce mode de cuisson atteint les milliards de dollars chaque année. Ce mode de cuisson présente-t-il des risques ?

Le fonctionnement de ce four repose sur l'émission d'ondes magnétiques par un magnétron. Les molécules organiques des aliments (eau, sucre, matières grasses, protéines) absorbent l'énergie des ondes et la chaleur se transmet vers l'intérieur de l'aliment par conduction. Les rayons produits par ces appareils n'induisent pas la formation de produits nocifs pour la santé et les aliments sont ainsi tout à fait sûrs. Toutefois, il faut éviter l'exposition aux rayonnements et pour cela s'assurer que le four est conforme aux normes et en bon état. D'après les normes canadiennes, l'émission de rayons à l'extérieur du four ne doit pas dépasser $5\,mW/cm^2$ à 5 cm de distance. Cette norme est très acceptable si l'on considère que les appareils médicaux utilisent jusqu'à $1000\ mW/cm^2$ sans effet nocif apparent[8]. Les émissions décroissent à mesure que l'on s'éloigne du four.

Il faut s'assurer que la porte ferme hermétiquement. N'utilisez pas le four si la porte est endommagée. Le joint d'étanchéité qui entoure la porte doit toujours demeurer très propre. Le four est muni de dispositifs qui arrêtent l'émission de rayons dès qu'on ouvre sa porte, et il n'y a pas de rayonnements résiduels qui subsistent dans le four.

La cuisson au four à micro-ondes ne présente aucun danger si l'on suit les recommandations du fabricant et si l'on utilise des plats de verre ou de matériaux conçus pour ce type de cuisson. On ne doit jamais utiliser des contenants de margarine ou de yogourt. Les températures élevées peuvent faire fondre les plastiques et occasionner la migration dans les aliments de substances nuisibles.

Le même phénomène peut se produire avec les pellicules d'emballage, surtout avec des aliments gras. Il n'est pas recommandé d'emballer un aliment dans une pellicule pour le mettre au four à micro-ondes. On placera plutôt l'aliment dans un plat

8. D. Farley, « Keeping Up with the Microwave Revolution », *FDA Consumer*, mars 1990.

muni d'un couvercle et, à défaut de couvercle, on pourra utiliser la pellicule à condition qu'elle ne touche pas à l'aliment.

La distribution de la chaleur dans les aliments cuits aux micro-ondes se fait de l'extérieur vers l'intérieur, et on doit prendre certaines précautions pour s'assurer que l'aliment est bien cuit au centre. Les viandes insuffisamment cuites peuvent présenter des risques d'intoxication. Voici comment obtenir une cuisson complète.

Règles à observer

- Utilisez la sonde ou un thermomètre de cuisson. La viande rouge doit atteindre 71°C et la volaille 82°C. N'utilisez pas le four à micro-ondes pour rôtir une volaille farcie.
- Placez les pièces de viande ou de volaille dans un plat couvert, de façon que la vapeur produite permette une cuisson plus uniforme. Brassez les aliments durant la cuisson et effectuez plusieurs rotations du plat.
- Respectez le temps d'attente à la suite de la cuisson.

D'autre part, jetez tout aliment périssable qui a été oublié dans le four plus de deux heures. C'est parfois ce qui arrive lorsqu'on utilise le four pour décongeler une pièce de viande ou une casserole, ou encore lorsqu'on se sert de la mise en marche différée.

Enfin, il arrive que des enfants se brûlent avec des aliments cuits au four à micro-ondes. Enseignez-leur à l'utiliser correctement.

Les œufs

Tout comme la volaille, les œufs peuvent être contaminés par les salmonelles. Le lavage des œufs à l'usine réduit le nombre de bactéries présentes sur les coquilles mais ne les élimine pas complètement. On recommande d'éliminer les œufs dont les coquilles sont craquelées et surtout de ne jamais les utiliser dans la préparation d'aliments qui seront consommés sans cuisson ultérieure suffisante, par exemple le bouillon à la reine, la salade César, les mousses et les meringues.

On a démontré la possibilité de contamination interne de l'œuf par les salmonelles et certains États américains interdisent aux restaurateurs de servir des œufs qui seront peu ou pas cuits, ce qui s'applique aux œufs sur le plat ou mollets et aux préparations citées plus haut. Au Québec, les nombreux tests de routine n'ont pas démontré une telle contamination. On croit que la présence de salmonelles à l'intérieur de l'œuf ne présente qu'une très faible possibilité.

Dans les cuisines d'établissements et dans la restauration, on utilise de plus en plus les produits d'œufs pasteurisés. La pasteurisation commerciale détruit les salmonelles sans cuire les œufs ni modifier leur couleur et leur saveur.

Par prudence, on évitera de servir aux personnes à risque des plats contenant des œufs crus ou insuffisamment cuits.

On recommande de toujours acheter des œufs qui ont été gardés au froid. Si vous les achetez directement à la ferme, assurez-vous qu'ils ont été réfrigérés. Les œufs du commerce portent une mention « meilleur avant » inscrite sur l'emballage. Après cette date, les œufs peuvent encore être consommés, mais ils ne répondent plus aux critères de la catégorie A.

Savez-vous reconnaître la fraîcheur de l'œuf ? Lorsque l'œuf est frais, le blanc est épais et ramassé autour d'un jaune bien rond. Avec le temps, le blanc se liquéfie et s'étale, le jaune s'aplatit. La chambre d'air située dans le gros bout de la coquille est pratiquement inexistante dans un œuf frais du jour. Elle prend de l'expansion avec le temps à cause de la porosité de la coquille.

Les œufs du commerce sont inféconds puisqu'il n'y a pas de coqs dans les poulaillers. Contrairement à certaines croyances, les œufs fécondés ne présentent absolument aucun avantage du point de vue nutritif; s'ils ne sont pas incubés, il est impossible de les distinguer.

Les œufs du commerce sont mirés, ce qui permet d'éliminer tous ceux qui présentent des défauts internes : taches de sang, développement de l'embryon, corps étrangers tels que du gravier ou des poils.

Les poissons, les mollusques et les crustacés

Les diététistes recommandent de consommer du poisson, car une portion de poisson a un apport calorique moindre qu'une portion équivalente de viande. Cela réduit aussi l'apport en graisses saturées, lesquelles sont un facteur de risque de maladies cardio-vasculaires. Le poisson est de plus une excellente source de protéines, de vitamines et de minéraux. Il en est de même des mollusques et des crustacés qu'il faut cependant consommer avec modération vu leur teneur élevée en cholestérol. Hélas, la pollution n'épargne pas le poisson et plusieurs contaminants peuvent se retrouver dans les poissons et les fruits de mer. Certains sont d'origine naturelle; c'est le cas des toxines et des parasites. D'autres résultent de la contamination des plans d'eau par les égouts ou par les rejets d'usine.

Le poisson

Les contaminants chimiques

Les lacs et les rivières, de même que les eaux côtières, sont souvent contaminés par la présence d'égouts, par le ruissellement de pesticides ou de purins, par des rejets industriels, et cela, bien sûr, compromet grandement la qualité des poissons. La contamination des eaux des Grands Lacs, du

Saint-Laurent et de certaines rivières a fait l'objet de nombreux reportages au cours des dernières années. On a aussi parlé abondamment, dans les médias, de la contamination par le mercure à la suite de la construction des barrages hydroélectriques dans le Nord québécois.

Certains polluants, que les poissons métabolisent peu, s'accumulent dans leurs tissus (voir chapitre 1). C'est le cas du mercure, qui s'accumule dans la chair et le foie du poisson. C'est aussi le cas des pesticides organochlorés (voir encadré 5.1), des BPC et des dioxines, qui se concentrent dans les parties grasses, la peau et les viscères. La quantité de polluants accumulée dans les tissus est fonction de l'âge du poisson. Les espèces qui ont une vie longue atteignent habituellement une grande taille, si bien qu'on peut dire que les gros poissons sont plus contaminés que les petits.

Les concentrations de polluants varient aussi selon le mode d'alimentation des poissons. Elles sont plus élevées chez les grands prédateurs (thon, espadon, brochet, doré) que chez les prédateurs de petite taille (morue, aiglefin, hareng). En effet, les poissons situés au bout de la chaîne alimentaire sont ceux

Encadré 5.1

Conseils pour réduire l'exposition aux organochlorés.

Les contaminants organochlorés (certains pesticides, les BPC et les dioxines) se concentrent dans les graisses, lesquelles sont présentes surtout dans les viscères et dans la peau des poissons. Si les poissons de mer contiennent peu de ces contaminants, il n'en est pas de même des poissons d'eau douce qui peuvent en contenir des quantités importantes. On peut réduire appréciablement l'exposition à ces polluants en suivant quelques recommandations.

1° Ne conserver que les filets de poisson débarrassés de la peau.
2° Ne pas utiliser systématiquement le jus de cuisson pour préparer des soupes ou des sauces, la cuisson ayant pour effet d'extraire les graisses, qui se retrouvent alors dans ces jus de cuisson.
3° Ne pas consommer les foies de poisson.

qui accumulent le plus de polluants. Les poissons qui se nourrissent surtout de plantes, de larves et d'insectes présentent des concentrations de polluants beaucoup moindres.

Les concentrations de polluants sont très faibles dans les poissons de mer, mis à part les gros prédateurs; souvent en deçà du seuil de détection. Les poissons d'eau douce, au contraire, peuvent présenter des concentrations très élevées selon le degré de pollution des plans d'eau où ils sont pêchés. Les personnes qui consomment fréquemment des poissons provenant de pêche sportive devraient s'enquérir du niveau de contamination des eaux où ils pêchent.

À cet effet, différents ministères du Québec, en collaboration avec le Centre de toxicologie du Québec, ont publié le *Guide de consommation du poisson de pêche sportive en eau douce*, qui répertorie les plans d'eau et indique la quantité de poisson qui peut être consommée sans danger, en tenant compte des différentes espèces, de la taille des poissons et du degré de pollution des eaux. Ce guide suggère aussi les règles générales de consommation qui apparaissent au tableau 5.1.

Tous les produits de la pêche vendus dans les magasins d'alimentation sont soumis à l'inspection des ministères fédéral (Pêches et Océans) ou provincial (MAPAQ). Ils doivent répondre à des critères de qualité, à des normes bactériologiques et à des limites de tolérance concernant la présence de divers polluants. Ces tolérances sont établies en fonction d'une consommation moyenne de 200 g de poisson, de mollusques et de crustacés par semaine, ce qui correspond à la quantité moyenne consommée. En effet, au Québec, la consommation moyenne individuelle de poisson, de mollusques et de crustacés totalisait 8,18 kg par année en 1989, soit 160 g par semaine (sans compter les poissons de pêche sportive).

Les contaminants présents dans le poisson posent un risque plus sérieux pour les personnes qui consomment de grandes quantités de poisson. Les femmes enceintes ou qui allaitent doivent aussi être particulièrement vigilantes, car les contaminants peuvent affecter le fœtus et le nourrisson à des concentrations beaucoup plus faibles que celles qui altèrent la santé de la mère. Ces personnes à risque devraient s'en tenir

Tableau 5.1   Règles générales de consommation des poissons de pêche sportive en eau douce au Québec.

Espèces	Règles de consommation
Grand corégone Omble de fontaine (truite mouchetée) Autres truites (excepté le touladi)	Consommation recommandée : 8 repas* par mois.
Barbotte Crapet Esturgeon Lotte Meunier Perchaude Touladi (truite grise)	Consommation maximale recommandée : 4 repas par mois.
Achigan Brochet Doré Maskinongé	Consommation maximale recommandée : 2 repas par mois.

* Un repas : 230 g (8 onces) de poisson frais.

Source : Gouvernement du Québec, *Guide de consommation du poisson de pêche sportive en eau douce*, 1992.

aux poissons de mer, à l'exception des poissons de très grande taille, comme le thon et l'espadon. Les poissons d'élevage, comme le saumon, la truite arc-en-ciel et l'omble de fontaine, sont aussi recommandés, puisque les eaux des bassins de culture sont surveillées. Parmi les poissons de pêche sportive en eau douce, ceux qui présentent un moindre risque sont : la truite (sauf le touladi, ou truite grise), l'omble de fontaine (truite mouchetée), le grand corégone, le saumon de l'Atlantique, l'éperlan, le poulamon (poisson des chenaux) et l'alose savoureuse.

Les contaminants d'origine naturelle

Les vacanciers qui s'adonnent à la pêche dans les mers chaudes du Pacifique ou des Caraïbes doivent être mis en garde contre la contamination de certains poissons (vivaneau, mérou, barracuda) par des algues qui produisent une toxine, la ciguatoxine. Avant de consommer ses prises ou encore des poissons achetés directement des pêcheurs, il vaut mieux obtenir des renseignements dignes de confiance sur les risques de contamination dans ces régions.

Les parasites

On observe actuellement un engouement pour la consommation de poissons crus ou marinés sans cuisson préalable (sushi, ceviche, carpaccio), ce qui augmente le risque de contamination par les parasites. Certains poissons sont parasités par des petits vers filiformes à peine visibles à l'œil nu. Ces parasites peuvent se loger dans la paroi de l'estomac et de l'intestin et causer de la fièvre, des nausées, des douleurs abdominales.

Les poissons d'eau douce sont souvent parasités et l'infestation est plus grande lorsque la température de l'eau est élevée. Plusieurs poissons de mer dont la morue, la plie, le sébaste, l'aiglefin, le flétan, le saumon et le vivaneau rouge sont aussi porteurs de parasites. Dans les usines de transformation, on procède au mirage des filets de poisson, technique qui consiste à les examiner par transparence devant une source lumineuse.

À la maison, on peut déceler la présence de parasites dans le poisson en le trempant dans de l'eau salée (2 c. à soupe de sel par litre), ce qui a pour effet de chasser les parasites de la chair.

Lorsqu'on prépare des plats à base de poisson cru, on doit choisir de préférence les poissons rarement parasités ou encore du poisson ayant été congelé commercialement (il faut une température de -23°C pour détruire les parasites). Plusieurs établissements préparent d'ailleurs les sushis avec des poissons congelés.

Dans les buffets à sushis, on préférera les préparations utilisant le thon, poisson rarement parasité, la pieuvre, les œufs de poisson ou encore les crevettes et le crabe, qui sont toujours cuits. En effet, la cuisson, en détruisant les parasites, élimine le risque d'infestation.

On doit toujours s'assurer que le poisson est cuit convenablement. Il l'est lorsque la chair qui se trouve au centre de la partie la plus épaisse prend une couleur opaque et s'effeuille facilement. La température intérieure atteint alors 60°C.

Les mollusques

La pêche aux mollusques est une activité fort agréable durant les vacances au bord de la mer. C'est aussi une activité qui peut être périlleuse, puisqu'on déplore chaque année des intoxications dues à une toxine paralysante contenue dans une algue microscopique qui croît sur les côtes de l'Atlantique et dans l'estuaire du Saint-Laurent. Les coques, les moules et les huîtres se nourrissent de ces algues et concentrent la toxine dans leurs organes. Or cette toxine est stable à la chaleur; la cuisson ne diminue donc pas la toxicité des mollusques qui en sont porteurs.

Le picotement et l'engourdissement des lèvres et de la langue sont les premiers symptômes d'intoxication. Ils sont suivis d'une faiblesse musculaire et de la paralysie des extrémités et du cou. Ces symptômes disparaissent généralement après quelques heures. Il arrive toutefois, dans de rares cas, que la mort survienne par la paralysie des muscles intercostaux.

En 1987, les moules de l'Île-du-Prince-Édouard ont été les agents de cas d'intoxications graves causées par l'acide domoïque, une toxine qu'on isolait pour la première fois au Canada dans une autre famille d'algues.

Les inspecteurs de Pêches et Océans Canada font régulièrement des prélèvements et des analyses dans les zones de cueillette ainsi que chez les éleveurs de moules et d'huîtres afin de déceler la présence de ces toxines. Ils procèdent à la saisie des lots et à la fermeture de la zone lorsqu'il y a risque de contamination.

Il faut être prudent et obéir aux interdictions de pêche annoncées sur les panneaux d'affichage des plages (voir figure 5.1) et dans les avis que publient les journaux locaux. On peut aussi communiquer en tout temps avec Pêches et Océans Canada en composant le numéro indiqué dans l'annuaire téléphonique régional; un répondeur automatique énumère les secteurs contaminés.

DANGER

ZONE FERMÉE À LA RÉCOLTE DES MOLLUSQUES	SHELLFISH AREA CLOSED
LES COQUILLAGES QUE L'ON TROUVE DANS LA ZONE DÉCRITE CI-APRÈS SONT SOIT CONTAMINÉS ET/OU CONTIENNENT DES TOXINES PARALYSANTES ET IMPROPRES À LA CONSOMMATION.	SHELLFISH IN THIS AREA AS DESCRIBED BELOW, ARE EITHER CONTAMINATED AND/OR CONTAIN PARALYTIC TOXINS AND ARE NOT SAFE FOR USE AS FOOD.
DESCRIPTION DE LA ZONE :	AERA DESCRIPTION :
....	....
DATE DE FERMETURE :	DATE OF CLOSURE :
CETTE ZONE EST FERMÉE. TOUTE PERSONNE QUI PÊCHE DES COQUIL-LAGES DANS CETTE ZONE OU QUI EN A EN SA POSSESSION EST PASSIBLE DE POURSUITES CONFORMÉMENT À LA LOI SUR LES PÊCHERIES.	THIS AREA HAS BEEN CLOSED AND ANY PERSON IN POSSESSION OF OR FOUND TAKING SHELLFISH FROM THIS AREA, IS SUBJECT TO PROSECUTION UNDER THE FISHERIES ACT.
PAR ORDRE	BY ORDER

Pêches et Océans   Fisheries and Oceans

Canadä

Figure 5.1   Panneau d'affichage interdisant la cueillette de mollusques.

On doit également s'abstenir de cueillir des mollusques dans des zones où existe un danger de contamination bactérienne ou de pollution chimique évident, notamment en aval de bouches d'égout ou de rejets industriels. Les mollusques sont en effet des organismes filtreurs qui peuvent accumuler de fortes concentrations de bactéries et de polluants.

Les mollusques qui sont vendus sur le marché présentent moins de risque. Comme on l'a vu, Pêches et Océans Canada surveille la qualité de l'eau des zones d'élevage; le Ministère procède aussi à l'inspection des mollusques en provenance d'autres pays. De plus, les organismes provinciaux effectuent régulièrement des tests afin de détecter la présence éventuelle de la toxine paralysante ainsi que celle d'acide domoïque sur les produits locaux.

Les crustacés

Les homards, les crabes et les crevettes sont les grands favoris de nos tables. Ils sont soumis aux mêmes normes réglementaires que le poisson quant aux teneurs en contaminants tels que le mercure ou les composés organochlorés.

Les crustacés se nourrissent aussi d'algues, et Santé nationale et Bien-être social Canada a examiné le risque potentiel de la présence de toxine paralysante dans le homard. Aucune toxine n'a été mise en évidence dans la chair.

Cette toxine se concentre dans l'hépatopancréas (foie), de couleur verte, qui se trouve dans la cavité du homard et que la plupart des consommateurs ne mangent pas. D'après les concentrations observées, il n'y a aucun risque à consommer deux hépatopancréas de homard par jour. C'est dire qu'il n'y a pas lieu de s'inquiéter si l'on ne mange que quelques homards par année.

Les crevettes nous parviennent congelées, cuites ou non cuites, dans leur carapace ou décortiquées. Lorsqu'elles sont roses, c'est qu'elles sont cuites. La loi permet l'addition de sulfites sur les crevettes. On n'en trouve habituellement que sur les crevettes crues importées. L'étiquette doit indiquer la présence de sulfites, ce qui est particulièrement utile aux personnes qui y sont allergiques.

On trouvera au tableau 5.2 un guide d'achat et de conservation des poissons, des crustacés et des mollusques vendus à l'état frais.

Tableau 5.2   Guide d'achat et de conservation des poissons, des crustacés et des mollusques vendus à l'état frais.

Produit	Critères d'achat	Conservation	Période de conservation
Poisson entier	Yeux brillants Peau luisante, écailles adhérentes Ouïes rouges ou rose vif Chair ferme et élastique Odeur fraîche et agréable	Laver et assécher Couvrir Réfrigérer	De 2 à 3 jours
Darnes ou filets	Texture ferme Aspect luisant Aucune trace de brunissement ou de dessèchement Odeur fraîche	Essuyer et couvrir Réfrigérer	De 2 à 3 jours
Palourdes, huîtres, moules	Coquilles fermées ou qui se referment après un choc Remplies de liquide clair Odeur fraîche	Retirer l'emballage Placer dans un contenant recouvert d'un linge humide Réfrigérer	Huîtres : 6 semaines Moules et palourdes : 3 jours
Homards vivants	Choisir les vigoureux	Envelopper dans du papier journal humide Réfrigérer	12 heures
Crevettes avec carapace	Probablement décongelées	Placer dans un contenant couvert Réfrigérer	De 2 à 3 jours

Le poisson fumé

De tout temps, on a eu recours au fumage pour prolonger la conservation du poisson. Préalablement salé, le poisson, entier ou en filets, était placé au-dessus d'un feu de bois où il s'imprégnait lentement de fumée. La chaleur était suffisante pour cuire la chair et en réduire considérablement la teneur en eau. On obtenait ainsi un poisson sec, fortement fumé, qui se conservait plusieurs mois sans réfrigération.

Depuis quelques années, on observe une remontée du poisson fumé dans la faveur populaire. Le produit actuellement en vogue est totalement différent. Très légèrement salé, il est fumé à une température insuffisante pour cuire la chair et en réduire la teneur en eau. Le procédé est utilisé davantage pour la saveur qu'il confère à l'aliment que comme agent de prolongation de la conservation. Il faut donc observer les mêmes règles de conservation que celles qui s'appliquent à un produit frais, à savoir : réfrigération (4°C) pour quelques jours seulement.

Le poisson fumé est souvent vendu congelé, dans un emballage sous vide. On doit alors le conserver au congélateur jusqu'au moment de le consommer. À partir du moment où le poisson fumé est décongelé, il faut ouvrir l'emballage pour y laisser pénétrer l'air, sinon des bactéries pathogènes peuvent s'y développer, à basse température, sans signe de détérioration. (Voir chapitre 1.) On peut cependant le garder au réfrigérateur pour une courte période de deux à trois jours.

Les marchands peuvent vendre le poisson fumé à l'état décongelé, à condition de le présenter dans un emballage perméable à l'air. La date d'emballage doit alors apparaître sur l'étiquette, de même que la mention « meilleur avant ».

On trouve aussi, sur le marché destiné aux touristes, du saumon emballé sous vide et qu'on a traité pour lui assurer une stérilité commerciale. Ce produit est présenté dans une boîte décorative en bois. Tout comme une conserve, ce saumon ne nécessite pas de réfrigération jusqu'à ce que l'emballage soit ouvert.

C H A P **6** I T R E

Les produits végétaux

Contamination des aliments d'origine végétale et pesticides sont maintenant indissociables dans l'esprit de la plupart des gens. On en oublie que les insectes eux-mêmes sont souvent facteur de contamination bactérienne et que les végétaux contiennent des substances naturelles potentiellement toxiques.

Les résidus de pesticides dans les fruits et légumes

Afin de produire en quantité des fruits et des légumes exempts de toute atteinte par des insectes ou des parasites, les agriculteurs ont recours à des produits chimiques. Or, ces produits peuvent laisser des résidus.

Comme on l'a vu au chapitre 1, l'État prend différentes mesures pour limiter l'exposition des consommateurs à ces résidus et réduire les risques pour leur santé.

Il est bon cependant d'adopter aussi certaines pratiques pour réduire la présence de résidus dans les fruits et légumes. Voici quelques conseils.

1° Il vaut mieux acheter des produits locaux dans la mesure du possible. En effet, pour empêcher les moisissures de se développer durant le transport des denrées, les producteurs ajoutent des fongicides après la récolte, ce qui n'est pas nécessaire avec les produits locaux.

2° On doit toujours laver soigneusement les fruits et légumes. L'usage de savon n'est toutefois pas à conseiller, car il peut laisser d'autres résidus tout aussi nocifs.

3° La cuisson à l'eau ou à la vapeur élimine une bonne part des résidus.

4° Le blanchiment, qui consiste à plonger les légumes dans l'eau bouillante pour une ou deux minutes, est aussi une méthode efficace d'élimination des résidus de pesticides. Habituellement, on effectue un blanchiment avant de congeler des légumes. On peut cependant utiliser ce procédé pour préparer des légumes qui seront mangés crus : bouquets de brocoli et de chou-fleur, bâtonnets de poivron et de carotte ou tout autre légume, à l'exception évidemment des légumes feuillus. Ils resteront ainsi croquants et tout aussi colorés qu'à l'état frais.

5° Dans le cas des laitues et autres feuillus, enlever les feuilles extérieures, plus exposées aux pesticides, et laver copieusement celles qui seront utilisées.

6° Pour ralentir la perte d'eau et retarder le flétrissement de certains fruits et légumes, tels que les pommes, les concombres et les navets, on enduit ces produits, durant l'opération d'entreposage, d'une cire à laquelle on ajoute parfois des pesticides destinés à empêcher le développement de moisissures. Le simple lavage de ces produits cirés ne suffira pas à éliminer les pesticides. Il faudra les éplucher.

7° L'épluchage des fruits et légumes élimine bien sûr les pesticides de contact mais n'a pas d'effet sur les pesticides que la plante absorbe. Ces derniers que l'on appelle pesticides systémiques ont cependant des concentrations très faibles et diminuent à mesure que la plante croît.

Que penser des produits biologiques ?

On se rend compte aujourd'hui des méfaits des méthodes agricoles utilisées ces dernières décennies : compactage des sols, érosion, appauvrissement du sol en matières organiques, résistance accrue des insectes, pollution des cours d'eau, dispa-rition d'insectes utiles, d'amphibiens et d'oiseaux.

Certains agriculteurs ont réagi contre les effets désastreux de ce type d'agriculture et ont repensé leurs interventions dans l'optique du respect de l'équilibre des écosystèmes naturels et de la qualité de l'environnement, remettant en question du même coup leurs stratégies de lutte contre les insectes. Ces agriculteurs biologiques ne se contentent pas d'éviter les pesticides et les engrais chimiques; ils ont créé des réseaux de dépistage dans plusieurs cultures maraîchères et dans la pomiculture, ce qui a permis de réduire considérablement les résidus dans les aliments. Ils s'appliquent à réduire les risques de prolifération des insectes et des maladies des plantes en pratiquant la rotation des cultures, l'association de cultures et en ayant recours à des prédateurs naturels. Ils conservent la productivité du sol en l'enrichissant de matières organiques (fumiers, engrais verts, légumineuses).

L'agriculture biologique n'est pas un retour en arrière; c'est une agriculture scientifique qui cherche la cause des problèmes et refuse d'appliquer aveuglément des produits chimiques pour pallier chaque difficulté.

Considéré comme une formule utopique il y a à peine une décennie, ce type d'agriculture jouit maintenant d'une recon-naissance officielle. En effet, en réponse à la demande crois-sante de produits biologiques, le ministère de l'Agriculture, des Pêcheries et de l'Alimentation du Québec a mis sur pied l'Organisme de contrôle de l'intégrité des produits biologiques (OCIB), lequel a établi un cahier des charges définissant les normes que les agriculteurs et les transformateurs désireux de mettre sur le marché leurs produits sous la certification « Pro-duits biologiques certifiés Québec-vrai » doivent observer. Cette certification donne au consommateur l'assurance que les produits qu'il achète, souvent à un prix plus élevé, sont cultivés sans engrais ni pesticides chimiques.

Le Bureau de certification de l'OCIB, composé d'inspecteurs formés spécialement pour effectuer l'inspection des fermes et des entreprises de transformation, est chargé de l'accréditation et du contrôle des normes définies dans le cahier des charges.

Actuellement, une centaine de producteurs maraîchers sont accrédités et de nombreux autres sont en phase de transition. (Il faut de trois à quatre ans pour passer de l'agriculture traditionnelle à l'agriculture biologique.) De plus, l'intérêt marqué que démontrent des producteurs laitiers pour cette forme d'agriculture laisse présager la mise en marché de produits laitiers biologiques dans un avenir prochain.

Les conserves et les risques de contamination bactérienne

Il n'y a pas de méthode de conservation plus pratique que la mise en conserve. Les aliments en conserve se gardent très longtemps, à la température de la pièce, et sont prêts à manger. Si les fruits et légumes en conserve sont quelque peu délaissés aujourd'hui, c'est que les consommateurs ont accès toute l'année à des produits frais. On trouve par ailleurs de plus en plus de conserves de jus, de sauces, de pâtés, de poissons. La boîte de fer blanc soudée au plomb a été remplacée par des boîtes soudées à l'électricité ou par des boîtes en aluminium, ou encore par des contenants de verre ou de carton plastifié. (On traitera au chapitre 9 de la migration de substances toxiques vers les aliments à partir des casseroles, de la vaisselle et des matériaux d'emballage.)

Les aliments en conserve sont sécuritaires parce qu'ils sont traités à la chaleur de façon que soient détruits les organismes pathogènes et ceux qui entraînent une détérioration des aliments. C'est ce qui explique qu'on puisse garder les conserves à la température de la pièce sans danger de contamination. Cette stérilité commerciale est maintenue tant que le contenant est hermétique. Un choc qui endommage le serti d'une boîte, un couvercle qui fuit, et voilà les aliments qui se détériorent. (Relisez au besoin les conseils donnés au chapitre 1 concernant l'entreposage et l'achat des conserves.)

Il peut être avantageux de faire soi-même ses conserves surtout si l'on possède un potager. Chose certaine, il faut faire les choses dans les règles, car un mauvais traitement des aliments peut être véritablement dangereux, que l'on songe seulement aux empoisonnements causés par *Clostridium botulinum,* une bactérie qui produit des spores très résistantes à la chaleur et qui se développe dans les conserves d'aliments peu acides, sans qu'on y puisse déceler de signes de détérioration.

Pourquoi par ailleurs risquer de perdre toute sa production parce que des bactéries ayant résisté à un traitement mal approprié auront fait surir et fermenter vos conserves ? N'hésitez pas : achetez un livre décrivant les méthodes de mise en conserve sécuritaires et suivez scrupuleusement les techniques applicables à chaque type d'aliment. Cela est essentiel.

On ne met pas en conserve de la même manière les aliments acides et ceux qui ne le sont pas.

Les aliments acides comprennent tous les fruits. Parmi les légumes, seules la rhubarbe, les tomates et la choucroute sont considérées comme acides. Les cornichons et marinades sont considérés comme acides à cause du vinaigre qu'on leur ajoute en les mettant en conserve.

Pour assurer une bonne conservation des aliments acides, il suffit de les chauffer à une température de 100°C. On peut donc procéder en plaçant les pots qui les contiennent dans de l'eau maintenue à la température d'ébullition pour une durée variable dépendant de l'aliment et de la capacité des pots. On peut également augmenter l'acidité de ces aliments en ajoutant du jus de citron, de l'acide citrique ou du vinaigre.

Les aliments peu acides comprennent tous les légumes (à l'exception de la rhubarbe et des tomates), les viandes, les volailles, les poissons, les fruits de mer et les soupes.

Pour mettre ces aliments en conserve, il faut une température de 115°C, qu'on ne peut atteindre dans un bain d'eau bouillante. Il faut recourir à l'autoclave et observer scrupuleusement la durée prescrite. Pour s'assurer que la température est uniformément distribuée, on doit utiliser des contenants dont la capacité ne dépasse pas 500 ml.

Pour plus de sûreté, il est recommandé de faire bouillir, avant de les consommer ou même d'y goûter, les aliments peu acides que l'on a mis en conserve.

Pour que les aliments demeurent stériles, il faut que les contenants soient fermés hermétiquement, car l'infiltration d'air peut causer le surissement, la fermentation ou le développement de moisissures.

On n'utilisera donc que les pots vendus spécialement pour les conserves, on s'assurera que les couvercles sont en bon état et qu'un vide se produit au cours du refroidissement.

Les insectes et les moisissures dans les céréales, les légumineuses et les noix

Les céréales, les légumineuses et les noix sont protégées des pesticides de contact par leurs tissus extérieurs (cosses, coque, son), lesquels sont éliminés durant les opérations de transformation. Les résidus dans les aliments de cette classe proviennent moins des épandages durant la culture que des traitements postrécolte par fumigation qui ont pour but de prévenir le développement d'insectes ou de moisissures durant l'entreposage. Aujourd'hui, avec les installations modernes qui mesurent et contrôlent la température et le degré d'humidité dans les silos, les infestations sont moins fréquentes et on a de moins en moins recours aux traitements par fumigation.

Tout aliment qui contient des insectes, des débris d'insectes ou leurs excréments est considéré comme non comestible par les inspecteurs, qui font examiner au microscope dans un laboratoire les échantillons prélevés au cours des inspections régulières.

De même, les consommateurs devraient jeter les aliments dans lesquels se trouvent des insectes ou des larves. On peut toutefois s'éviter ces désagréments, en gardant les denrées les plus susceptibles de présenter ce genre de problèmes (céréales à cuire, comme le gruau, le riz brun et les noix) dans des récipients fermés que l'on entrepose dans un endroit sec et frais, à l'abri de la lumière.

Il convient à ce chapitre d'adresser une mise en garde aux amateurs d'oiseaux. Les graines destinées aux oiseaux sauvages sont souvent infestées. Les larves s'y développent à la chaleur et on y voit éclore des mites qui envahissent le garde-manger et viennent pondre sur les denrées sèches. Il est donc essentiel de garder vos graines dans des récipients hermétiquement fermés.

Les céréales, les légumineuses et les noix sont un terrain favorable au développement de moisissures, qui apparaissent lorsque la culture se fait sous un climat chaud et humide ou que les conditions d'entreposage sont inadéquates. Certaines de ces moisissures sécrètent des mycotoxines (du grec *mykês*, signifiant « moisissures »), dont l'une, appelée aflatoxine, est reconnue comme un puissant cancérogène pour le foie.

Les noix, les arachides et le beurre d'arachide sont les aliments le plus souvent trouvés contaminés par les aflatoxines. Le beurre d'arachide est éminemment sujet à cette contamination. Les arachides consommées au Canada viennent de l'étranger, principalement des États-Unis. Chaque lot d'arachides brutes importées des États-Unis porte un certificat d'analyse indiquant que la quantité d'aflatoxine ne dépasse pas 15 parties par milliard, ainsi que le prescrit la loi. Le rôtissage des noix et des arachides élimine au-delà de 70 % des aflatoxines présentes. Les inspecteurs de la Direction générale de la protection de la santé effectuent des visites systématiques dans les entrepôts et les usines de transformation utilisant des noix et des arachides, afin d'y prélever des échantillons, et les produits non conformes sont retirés du marché. Les grandes industries procèdent aussi à la vérification des matières premières et des produits finis.

Des analyses effectuées par la revue *Protégez-vous* pour son numéro de juin 1989 indiquaient que les quantités décelées étaient très faibles, souvent en deçà de la limite de détection, dans les produits des grandes marques. C'est dans le beurre d'arachide de type naturel fait en petite quantité qu'on avait observé les plus hauts taux d'aflatoxines.

Outre le beurre d'arachide, les tablettes de chocolat contenant des noix, les mélanges de fruits séchés et de noix, et les graines de citrouille sont aussi susceptibles de contamination.

Pour se prémunir contre ce type de contamination, il suffit de suivre les conseils suivants.

Les substances toxiques naturellement présentes dans les végétaux

Plusieurs plantes ont des propriétés toxiques et ont besoin d'un traitement particulier qui les rende propres à la consommation (voir tableau 6.1). Les humains ont appris à choisir leurs aliments et à s'abstenir de consommer les plantes qui leur étaient nuisibles. Ils ont élaboré des méthodes de préparation qui éliminent les propriétés toxiques de certaines plantes. Par exemple, les populations dont le manioc est l'aliment de base font fermenter et cuire ce tubercule pour le débarrasser de l'acide cyanhydrique qu'il contient.

Plus près de nous, certains fruits et légumes qui nous sont familiers contiennent aussi de petites quantités de substances toxiques naturelles qui sont sans danger lorsque l'aliment est consommé avec modération et fait partie d'un régime alimentaire varié. Ainsi, il n'est pas dangereux de consommer quelques pépins de pomme ou quelques noyaux de pêche. Toutefois, vu la présence d'un alcaloïde cyanogène dans ces pépins et ces noyaux, il ne serait pas sage de les utiliser comme ingrédients ou aromatisants dans les aliments.

Quant aux infusions ou remèdes à base de plantes, là encore la prudence est de mise. Il n'est pas rare en effet que des personnes se rendent malades en ingérant des quantités substantielles d'infusion d'herbes aux propriétés mal connues. Et que dire des empoisonnements dus à des plantes toxiques que

Tableau 6.1   Aliments nécessitant un traitement particulier en raison de leur toxicité.

Aliment	Symptômes	Cause des problèmes	Instructions
Lentilles et haricots secs non cuits (haricots blancs ou rouges, fèves soya)	Maux d'estomac	Lectines — détruites à la cuisson à ébullition ou pendant une période de temps suffisante	• Faire tremper et cuire selon les instructions • Cuire jusqu'à tendreté • Acheter des haricots en conserve
Haricots lupini	Étourdissements, bouche sèche, vomissements	Alcaloïdes — peuvent être dissous dans l'eau	• Faire tremper au moins 7 jours et changer l'eau chaque jour • Cuire jusqu'à tendreté ou jusqu'à ce que le goût amer soit disparu • Acheter des produits en conserve
Feuilles de rhubarbe	Graves empoisonnements, dommage aux reins (parfois mortel)	Acide oxalique et anthraquinones	• **Ne pas manger les feuilles** • Ne manger que les tiges
Manioc	Difficulté à respirer, démarche chancelante, paralysie (peut être mortel) Effet à long terme : goitre	Contient une substance qui libère du cyanure	• Suivre les méthodes de préparation des minorités ethniques qui l'utilisent • Ne pas manger cru

Tableau 6.1   Aliments nécessitant un traitement particulier en raison de leur toxicité (suite).

Aliment	Symptômes	Cause des problèmes	Instructions
Pépins ou noyaux (pêche, pomme, cerise, prune ou abricot) et les pousses et brindilles	Difficulté à respirer, démarche chancelante, paralysie (peut être mortel) Effet à long terme : goitre	Contient une substance qui libère du cyanure	• Ne manger que la pulpe et la pelure des fruits
Feuilles de consoude (consommées comme légume)	Effet à long terme : peut causer le cancer	Alcaloïdes toxiques	• Ne pas consommer
Grande fougère	Perte d'appétit, constipation, engourdissement. Peut être cancérogène à long terme	Thiaminase — substance qui détruit la thiamine (vitamine B_1); agent cancérogène non identifié	• **Ne pas manger de grande fougère** • **Ne manger que les « têtes de violons »** (variété pteretis) • Acheter des produits commerciaux
Tiges ou germes de pommes de terre, pommes de terre vertes	Sensation de brûlure en bouche, maux de tête et d'estomac, vomissements (parfois mortels)	Solanine et autres alcaloïdes concentrés trouvés juste sous la pelure, aux yeux du tubercule et dans les parties vertes Attention : la chaleur n'élimine pas la toxicité	• Ne manger que le tubercule, peler et jeter les parties vertes • Éviter les repas complets de pelures de pommes de terre apprêtées (« potato skins »)

Adapté de Santé nationale et Bien-être social Canada, Service éducatif, direction générale de la protection de la santé, Les substances toxiques naturelles dans les plantes, 1984.

des herboristes amateurs avaient confondues avec des plantes médicinales ! Nous reviendrons sur ce sujet au chapitre 8, mais il n'est pas inutile de le dire maintenant : il faut s'assurer que l'on est réellement en mesure d'identifier correctement les plantes avant de se lancer dans des préparations d'infusions ou de remèdes.

Cette mise en garde vaut également pour les mycologues amateurs. Certains champignons sauvages sont toxiques et même mortels, c'est un fait. Il n'y a donc pas de risques à prendre. Assurez-vous de la justesse de vos connaissances en mycologie en faisant vos premières cueillettes avec des clubs de mycologues. Vous trouverez par ailleurs à l'Annexe D quelques ouvrages permettant d'identifier les champignons.

L'expérimentation en alimentation est souvent passionnante. C'est une source de joie que les gastronomes friands d'aliments appartenant à des traditions culinaires étrangères connaissent bien. Il faut cependant être prudent avec les aliments nouveaux qu'on ne connaît pas. N'y allez jamais au hasard et renseignez-vous à des sources sûres de façon à préparer et à cuire correctement ces aliments.

C H A P I **7** I T R E

Les graisses et les sucres

Les graisses n'ont pas bonne presse de nos jours et pour cause : les régimes alimentaires élevés en graisses seraient un facteur déterminant de maladies cardio-vasculaires et de certaines formes de cancer. Santé nationale et Bien-être social Canada recommande d'ailleurs aux Canadiens de réduire la proportion des calories provenant des graisses de 38 % à 30 %. Le problème étant similaire aux États-Unis, il n'est donc pas étonnant que les produits allégés en sucre, en gras et en cholestérol constituent la presque totalité des nouveaux aliments mis sur le marché ces dernières années.

Les graisses, les huiles et les substituts du gras

En cuisine, on utilise deux types de corps gras : les gras d'origine animale, c'est-à-dire le beurre, le saindoux et les huiles marines, et les gras d'origine végétale, à savoir les huiles végétales et les graisses végétales (shortenings). La margarine entre dans l'un ou l'autre de ces types selon qu'elle est fabriquée à partir d'huiles marines ou d'huiles végétales. En Amérique du Nord, les margarines sont à base d'huiles végétales.

Les risques toxicologiques que comportent les graisses sont davantage liés aux transformations chimiques qu'elles subissent qu'à la présence de polluants. Les huiles utilisées dans la cuisine sont extraites de plantes oléagineuses (maïs, tournesol, coton, colza), de légumineuses (soya, arachide) ou de fruits (olives, noix). On trouve très peu de contaminants dans ces huiles, même si la culture des plantes desquelles elles sont extraites nécessite des pesticides, ces derniers se retrouvant en effet presque exclusivement dans les tourteaux. Il en est de même des moisissures et de leurs toxines. Après le pressage, les procédés de raffinage éliminent les pesticides et les mycotoxines qui pourraient être présents dans les huiles brutes.

Dans les graisses d'origine animale, on décèle de très faibles concentrations de composés organochlorés : résidus de pesticides et BPC qui se sont accumulés dans les graisses des animaux. Les concentrations ont diminué de façon appréciable depuis que ces produits chimiques ne sont pratiquement plus utilisés.

Les produits nocifs formés dans les graisses

À cause de leur structure chimique, les graisses s'oxydent facilement, ce qui amène la formation de produits nocifs pour la santé. Comme l'oxydation altère aussi la saveur (rancissement), on consomme rarement les graisses oxydées.

Les huiles végétales commerciales sont pressées à chaud, dégommées et désodorisées. Or ces traitements réduisent la teneur des huiles en vitamine E, laquelle est un antioxydant naturel. Pour éviter l'oxydation de ses produits, l'industrie incorpore donc aux huiles ainsi traitées des additifs tels que le BHA et le BHT. Cependant, certaines études ayant désigné comme potentiellement cancérogènes ces additifs, plusieurs compagnies s'abstiennent maintenant de les utiliser et ont modifié leur méthode d'extraction de façon à éliminer divers facteurs qui amorcent le processus d'oxydation.

Les huiles vierges ou de première pression renferment davantage de vitamine E. Toutefois, elles contiennent aussi des agents qui mènent à une destruction lente de cette vitamine. Pour éviter la formation de produits d'oxydation nocifs et le rancissement, on doit garder ces huiles dans des bouteilles foncées qui, une fois ouvertes, devront être mises au réfrigérateur.

Lorsqu'ils sont chauffés, les corps gras se dénaturent et donnent lieu à la formation de produits d'oxydation dommageables pour la santé. C'est pourquoi on conseille d'utiliser, pour la friture, des corps gras qui peuvent tolérer des températures élevées. À la maison, on choisira la graisse préparée (shortening) de préférence au beurre et aux huiles végétales. Dans l'industrie, la friture s'effectue dans des appareils qui limitent la présence d'oxygène. Les graisses employées sont des graisses spéciales qu'on remplace continuellement afin d'empêcher l'accumulation de produits d'oxydation.

On ne prend pas ces précautions dans les établissements de restauration rapide. Bien que les produits d'oxydation des graisses soient faiblement absorbés, leur importance n'est pas à négliger, étant donné la grande quantité d'aliments frits que consomment les adolescents et les jeunes adultes : poulet frit, croquettes de poulet ou de poisson, frites, rondelles d'oignons frits, beignets et autres.

Les substituts du gras

Les consommateurs se préoccupent de la teneur en matières grasses de leurs aliments, soit à cause de la relation entre les matières grasses et les maladies cardio-vasculaires, soit parce qu'ils veulent réduire leur apport calorique. En effet, chaque gramme de gras apporte neuf calories, alors que les sucres et les protéines fournissent quatre calories au gramme. C'est donc en réduisant la teneur en gras que l'on peut abaisser le plus efficacement la valeur calorique d'un régime alimentaire.

Grâce aux nouvelles technologies, l'industrie alimentaire dispose maintenant de substituts du gras. On peut d'ailleurs s'attendre à ce que plusieurs substituts de gras fassent leur apparition sur le marché dans les prochaines années. Le premier de ces substituts autorisé au Canada ainsi qu'aux États-Unis est fabriqué à partir de protéines de lait et d'œufs, transformées en microparticules qui, dans la bouche, donnent la même sensation que le gras. Ce substitut de gras entre dans la composition de certains desserts glacés et est indiqué dans la liste d'ingrédients par la mention « microparticules de protéines ».

Une demande d'homologation est actuellement déposée pour l'« Olestra ». Il s'agit d'une molécule que l'organisme n'absorbe pas et qui ne fournit donc aucune calorie. L'Olestra a l'avantage de résister à la chaleur et pourrait remplacer les gras utilisés pour la préparation des aliments et pour la cuisson.

Les succédanés du sucre

C'est d'abord pour réduire le prix des aliments que des chercheurs ont élaboré des substances capables de remplacer le sucre. On était alors en temps de guerre et de rationnement. Or, il est apparu que les nouvelles molécules obtenues avaient un pouvoir sucrant bien supérieur aux sucres naturels. Les quantités nécessaires pour sucrer les aliments étaient infiniment plus faibles et la valeur calorique des aliments en était diminuée d'autant. C'est ce qui fait le succès des succédanés du sucre auprès des consommateurs obsédés par l'idée de minceur. Curieusement cependant, la consommation de sucre *per capita*, qui avait légèrement fléchi en 1982-1983, est revenue en 1992 au niveau de 1980.

La saccharine et le cyclamate ont été les premiers succédanés à paraître sur le marché. On les utilise cependant moins aujourd'hui, des études ayant révélé qu'administrées à doses massives, ces substances causaient des tumeurs chez les animaux de laboratoire. L'industrie alimentaire ne peut donc plus les ajouter directement dans les aliments. Elles sont toutefois autorisées comme édulcorants de table. Elles sont donc vendues en pharmacie ou à l'épicerie sous diverses formes : en poudre, en granules, en comprimés ou à l'état liquide. On les trouve aussi en sachets, dans les restaurants.

Depuis 1981, l'aspartame est autorisé au Canada comme additif dans les boissons, les céréales prêtes à servir, les desserts sans sucre et la gomme à mâcher. (La vogue des produits allégés date d'ailleurs de cette époque.) Ce produit, qui est commercialisé sous le nom de Nutra-Suc, se dégrade à la chaleur. C'est donc un produit d'usage restreint que l'on trouve aussi sous différentes appellations dans les édulcorants de table et souvent mélangé à d'autres produits.

En 1991, Santé nationale et Bien-être social Canada homologuait un nouvel édulcorant, le sucralose, beaucoup plus stable à la chaleur que l'aspartame. On le trouve actuellement en pharmacie sous la marque « Splenda » et on peut s'attendre à le voir incorporé bientôt à une gamme étendue de produits : céréales prêtes à servir, boissons de toutes sortes, y compris les boissons alcoolisées, desserts, confiserie, tartinades et sirops, pâtisseries et produits de boulangerie, fruits et légumes transformés, gomme à mâcher.

Les produits allégés

On sait à quel point l'obsession de la minceur a influé sur le régime alimentaire des gens ces dernières années. Mettant à profit ces préoccupations, les industries alimentaires proposent maintenant toute une panoplie d'aliments allégés : vinaigrettes et mayonnaises légères, beurres et margarines allégés, fromages plus maigres, qui viennent s'ajouter aux produits à teneur réduite en sucre, tels que les confitures légères, le lait glacé, etc.

Pour diminuer la teneur en gras ou en sucre des aliments tout en leur conservant leur consistance, leur volume et leur texture habituels, l'industrie a recours à une gamme d'agents stabilisants, émulsifiants ou épaississants : gomme de guar, carraghénine, carboxyméthylcellulose, polydextrose. (Consultez la liste des ingrédients sur les étiquettes des produits dits « allégés » et vous en serez impressionné !) Ces gommes et celluloses modifiées étant peu ou pas absorbées par l'organisme, elles peuvent nuire à l'absorption de vitamines et de minéraux. Or, les consommateurs d'aliments allégés sont en majorité des jeunes femmes qui se soucient de leur ligne au point de s'astreindre à longueur d'année à suivre des régimes limités à 1000 calories. Comme il est déjà difficile de satisfaire ses besoins nutritifs avec un apport calorique aussi limité, l'addition de ces gommes et celluloses n'arrange pas les choses.

D'ailleurs, peut-on tromper son organisme avec des produits allégés ? Il est sérieusement permis de se le demander. En effet, aucune étude clinique n'a pu démontrer que la consommation de ces substituts favorise la perte de poids. Certaines indiquent même assez paradoxalement que les adeptes de ces aliments gagnent au contraire du poids ! Est-ce parce que l'organisme n'ayant pas son compte, on s'autorise des portions plus généreuses ?

Chose certaine, la consommation d'aliments allégés est une solution de facilité qui ne s'attaque pas aux causes véritables du problème de l'excédent de poids : les mauvaises habitudes alimentaires et le manque d'exercice physique. On continue à manger autant, augmentant du même coup les profits de l'industrie alimentaire qui n'a de cesse de mettre sur le marché de nouvelles formules répondant aux préoccupations des consommateurs.

L'eau et les boissons

Mise en alerte par les nombreux reportages télévisés sur le niveau de contamination du Saint-Laurent et de ses affluents, la population québécoise s'est mise à regarder son fleuve différemment. Les habitants des municipalités qui y puisent directement leurs eaux s'inquiètent; les autres, perplexes, s'interrogent : les usines d'épuration sont-elles en mesure d'assurer un traitement efficace des eaux ? L'eau que nous buvons est-elle potable, véritablement ?

L'eau, potable ?

L'eau que reçoit la majorité des gens au Québec est une eau traitée dont la distribution est assurée par des réseaux municipaux. En vertu du règlement sur l'eau potable datant de 1984, ces réseaux doivent fournir aux usagers une eau exempte de microorganismes pathogènes, satisfaisante à l'œil et au goût et dont les concentrations en métaux et autres polluants ne dépassent pas les normes prescrites. Pour s'assurer de la qualité et de la salubrité de l'eau, les municipalités sont donc tenues de faire effectuer des tests à intervalles réguliers. La fréquence de ces tests dépend de la taille de la population desservie.

Un rapport du MENVIQ (1989), intitulé *L'eau potable au Québec, Un premier bilan de sa qualité*, conclut que l'eau du robinet que boit la majorité des Québécois répond généralement aux normes et que le dépassement des normes microbiologiques est peu fréquent dans les réseaux de distribution de taille importante. Par contre, les populations des petites collectivités seraient insuffisamment protégées, car les tests d'échantillonnage ne seraient pas faits assez souvent ni assez régulièrement. Des études effectuées par plusieurs départements de santé communautaire (DSC) tirent les mêmes conclusions.

En résumé, peu de réseaux ont connu des dépassements pour les composés inorganiques (plomb, mercure, cadmium, arsenic et autres métaux, ou pour les nitrates et les sulfates). À l'exception des THM (composés formés à partir du chlore et qu'on soupçonne d'être cancérogènes), le taux des micropolluants organiques est largement au-dessous des normes actuelles. Notons toutefois que les tests pour les micropolluants (pesticides, BPC, solvants, contaminants industriels) ne sont pas effectués de façon systématique en raison de leur coût élevé. L'échantillonnage ne se fait que dans des lieux présélectionnés en fonction du type de traitement ou des problèmes particuliers de contamination.

La contamination de l'eau par le plomb

Les systèmes de distribution peuvent contribuer à la contamination de l'eau par le plomb. Des études ont en effet démontré que l'eau du robinet pouvait contenir des concentrations en plomb dépassant la norme. Dans la majorité des cas, le plomb provient des soudures de la tuyauterie des bâtiments. Pour remédier à ce problème, le code de plomberie du Québec interdit depuis le 19 octobre 1989 d'utiliser des soudures au plomb dans les édifices nouveaux.

La concentration en plomb de l'eau est plus grande lorsque les soudures au plomb sont récentes (moins de cinq ans) et si l'eau est acide. Elle est aussi plus importante si l'eau a stagné dans les tuyaux. Pour éviter de consommer une eau à concentration élevée en plomb, il faut donc laisser l'eau couler une ou deux minutes en début de journée. Il est aussi recommandé de ne pas utiliser l'eau chaude du robinet pour préparer les aliments, spécialement les aliments pour bébés.

Puits et salubrité de l'eau

À la campagne, de nombreux résidants s'approvisionnent en eau à partir de puits individuels. Ceux-ci ne sont hélas pas à l'abri de la contamination bactériologique ou chimique. Les puits de surface sont les plus susceptibles de contamination, soit par des fosses septiques défectueuses, soit par des métho-des incorrectes d'épandage du fumier, soit encore par l'utilisation massive de purins, d'engrais chimiques ou de pesticides.

L'analyse de l'eau des puits relève de la responsabilité de chaque propriétaire. L'analyse bactériologique est peu coû-teuse (environ 40 $) et votre pharmacien vous fournira les contenants nécessaires et les coordonnées des laboratoires. Les analyses physico-chimiques (pesticides, minéraux, contaminants chimiques), par contre, sont plus onéreuses et on doit s'adresser à un laboratoire privé. Les services locaux de santé communautaire peuvent entreprendre de telles analyses si elles soupçonnent une contamination sérieuse des eaux souterraines dans un territoire particulier.

L'eau en bouteille, une solution ?

Les consommateurs sont souvent insatisfaits du goût et de l'apparence de l'eau qui leur est distribuée et s'inquiètent même parfois de son innocuité bactériologique. Aussi, la vente des eaux embouteillées connaît-elle une augmentation constante. Les eaux en bouteille font l'objet d'une surveillance et sont de bonne qualité. Cependant, on a déjà observé un taux de contamination élevé dans les eaux vendues en vrac. Aussi le MENVIQ est-il intervenu en exigeant l'installation d'un appa-reil de désinfection aux rayons ultraviolets sur les distributrices. Le consommateur, de son côté, doit s'assurer de la stérilité des contenants qu'il utilise pour le transport de l'eau et de l'entretien des appareils domestiques de distribution, sinon la qualité bactériologique de l'eau peut être dangereusement compro-mise.

Les appareils domestiques de traitement d'eau sont aussi très populaires. Il faut cependant changer régulièrement les

filtres de ces appareils et en effectuer l'entretien méticuleuse-
ment, sinon on peut se retrouver avec des problèmes plus
sérieux que ceux qu'on voulait éviter.

Le café

Le café est recherché pour son effet stimulant sur le système
nerveux. On se sent plus alerte, plus éveillé après une bonne
tasse de café. Toutefois, une forte consommation de café provoque de l'insomnie et des troubles de la concentration. On a
d'ailleurs observé qu'après avoir absorbé de la caféine, l'araignée
tisse sa toile plus vite, mais tout de travers !

Palpitations, troubles du rythme cardiaque, tremblements,
anxiété, voilà la cohorte de dérèglements que l'on peut attri-
buer à une trop forte consommation de caféine. Et le cancer ?
Dans l'état actuel des connaissances, aucune des nombreuses
études visant à établir un lien entre la consommation de café
et cette maladie n'a été concluante. Les études épidémiologiques
chez les humains ne permettent pas non plus d'établir de relation
entre la consommation de café et les nouveau-nés de faible poids,
les naissances avant terme ou les malformations congénitales.
Cependant, comme on a pu constater des malformations congénitales chez des animaux de laboratoire auxquels on avait admi-
nistré d'importantes doses de caféine, les médecins recommandent la prudence aux femmes enceintes ou qui allaitent.

Signalons que la caféine est aussi présente dans d'autres
aliments, comme le chocolat, les boissons à base de cola et le thé.
Comme cette substance crée de l'accoutumance, elle a des effets
plus prononcés chez les personnes qui n'ont pas l'habitude d'en
consommer.

Le café décaféiné permet de jouir de la saveur du café sans
en subir les effets nocifs. Mais les agents chimiques qu'on utilise
pour extraire la caféine sont aussi suspectés de toxicité. Au
Canada, on se sert à cette fin de dioxyde de carbone (CO_2),
d'acétate d'éthyl et de chlorure de méthylène. Le traitement se
fait sur les grains verts et la torréfaction élimine complètement
ces solvants. Des tests effectués par la revue *Protégez-vous* et
publiés dans le numéro de février 1990 confirment que les

solvants sont effectivement éliminés. On n'a trouvé aucune trace de solvant dans 10 marques de café décaféiné instantané et dans 6 marques de café décaféiné en grains.

Plusieurs compagnies recourent aussi à une méthode « naturelle » de décaféination. On trempe les grains dans l'eau, puis on les vaporise avec de l'huile de café pour éliminer la caféine. Cette méthode semble tout aussi efficace que celle qui nécessite l'emploi de solvants.

L'alcool

Les effets d'une consommation chronique d'alcool sont bien connus. L'alcool est la principale cause de cirrhose dans les pays industrialisés. C'est aussi un facteur important de l'hypertension. Une consommation régulière d'alcool, même à des taux qui n'amènent pas de signe d'intoxication, peut avoir des effets néfastes.

La dose sans effet est particulièrement difficile à établir chez la femme enceinte. La consommation d'alcool durant la grossesse cause un retard du développement mental et moteur du nourrisson. On a pu constater ces effets chez les mères dont la consommation quotidienne était de 30 ml d'alcool absolu (ce qui revient à 250 ml de vin ou à une petite bière et demie). « Étant donné qu'aucun niveau de consommation d'alcool durant la grossesse n'a encore été établi comme étant sûr, l'abstinence est la solution la plus prudente », peut-on lire dans *Recommandations sur la nutrition*, publié par Santé nationale et Bien-être social Canada en 1990.

Les tisanes et les décoctions : risques d'intoxication par des agents naturels

On sait l'engouement actuel pour les tisanes et pour les médications à base d'herbes. Là encore la prudence s'impose car les empoisonnements sont nombreux. Il est en effet essentiel de savoir identifier correctement les plantes et les herbes que l'on cueille soi-même, car une méprise peut être fatale. Sur les 400 000 espèces végétales aujourd'hui connues, seulement 1 % ont des propriétés toxiques, mais certaines sont des poisons aigus. L'auteur d'un article publié dans *FDA Consumer* (octobre 1983), relate le cas d'un couple d'Américains morts par intoxication 24 heures après avoir bu une infusion de feuilles de la digitale pourprée, qu'ils avaient confondue avec une autre plante aux vertus censément thérapeutiques, la consoude.

Plusieurs plantes contiennent des substances pharmacologiquement actives, c'est un fait. Prises en quantité excessive ou sur une période prolongée, elles peuvent donc avoir des effets nocifs. Les herboristeries et les magasins d'aliments naturels vendent ainsi quantité de plantes qui peuvent constituer un danger si elles sont ajoutées à l'alimentation ou servies en infusions. Santé nationale et Bien-être social Canada a donc mis sur pied un comité d'experts qui prépare actuellement un projet de loi visant à faire ajouter un grand nombre de plantes (57 dans la version préliminaire) à la liste des substances interdites dans les aliments. Ce projet de loi viserait aussi, dans le cas d'autres plantes, à obliger les commerçants à apposer sur l'étiquette une mise en garde attirant l'attention des gens sur les effets nocifs de ces plantes.

Le tableau 8.1 présente une liste non exhaustive d'herbes à éviter. Comme on peut le constater dans ce tableau, plusieurs herbes contiennent des substances pouvant causer des troubles sérieux si les quantités consommées sont importantes. Pour la plupart d'entre elles, les symptômes énumérés résultent de l'ingestion de quantités excessives (plus d'une théière par jour) sur une longue période ou de la consommation de l'herbe entière. Pour d'autres, même une petite dose est dangereuse. Les personnes qui s'exposent à ce risque sont celles qui veulent se purger ou suivre une cure quelconque à base de plantes. Il faut être bien conscient que l'automédication peut être néfaste.

Les tisanes vendues dans le commerce doivent mentionner sur leur étiquette la liste des ingrédients qu'elles contiennent. Il s'agit souvent de produits connus (menthe, verveine, épices, écorce de citron ou d'orange, etc.). Aucune allégation quant à leurs vertus curatrices ne doit apparaître sur l'étiquette.

Tableau 8.1 Herbes à éviter.

Apocyn à feuilles d'androsème *Apocynum androsaemifolium*	Gobe-mouche, apocyn amer, fausse herbe à puce.	Ralentit le pouls et affecte le système vasomoteur, absorption irrégulière; **toxique** (voir digitale pourprée).
Belladone *Atropa belladona*	Bouton noir, belladone.	**Toxique.** Perturbations digestives intenses et symptômes nerveux, vision trouble, rétention urinaire.
Consoude *Symphytum officinale*	Consoude officinale, consoude commune, grande consoude, herbe à la coupure, langue de vache, herbe du cardinal.	Soupçonnée de causer le cancer et des lésions du foie à doses répétées sur une longue période (racines plus toxiques que les feuilles). Santé nationale et Bien-être social Canada incite aussi à la prudence à l'égard de la consoude rugueuse (*Symphytum asperum*) et de la consoude de Russie (*Symphytum uplandicum*).
Digitale pourprée *Digitalis purpurea*	Campanule à feuilles d'ortie, gantelée, gant de Notre-Dame, herbe aux tranchées, doigtier.	Quelques empoisonnements et mortalités. **Faible marge entre les doses thérapeutiques et toxiques.** Troubles digestifs, crampes abdominales, rythme cardiaque et pouls irréguliers.
Graines de ricin *Ricinus communis*	Palma-Christi, huile de castor, huile de ricin.	**Graines extrêmement toxiques** : l'ingestion de deux à six peut être fatale. Nausées, vomissements, diarrhée, même après un délai de quelques jours.

Tableau 8.1 Herbes à éviter (suite).

Grande ciguë *Conium maculatum*	Ciguë d'Europe, cicuta maculée, carotte à Moreau, ciguë maculée.	Nausées, vomissements, maux de tête, sudation, étourdissement. **Convulsions, coma et mort éventuelle par défaillance respiratoire.**
Herbe aux sorciers *Datura stramonium*	Datura, stramoine, datura stramoine, tabouret des champs, diplotaxis des murs.	Pupilles dilatées, peau pâle, désorientation, irritation, délire, hallucinations. Un cas de mortalité signalé à la suite d'ingestion en tisane. (Voir aussi *belladone*.)
Jusquiame noire *Hyoscyamus niger*	Jusquiame, jusquiame officinale, fève de porc.	**Toxique.** Bouche et peau sèches, température, maux de tête, confusion, délire (voir *belladone*).
Menthe Pouliot (huile) *Mentha pulegium*	Pouliot.	Étourdissements, douleurs abdominales, diminution de la pression sanguine et ralentissement du pouls, convulsions et lésions du foie; quelques cas de mortalité signalés.
Morelle douce-amère *Solanum dulcamara*	Douce-amère, vigne de Judée, herbe à la fièvre, laque, morelle grimpante.	Irritation gastrique, démangeaisons de la gorge, fièvre, diarrhée, quelques cas de mortalité chez des enfants.
Pas d'âne commun *Tussilago farfara*	Pétasite des régions froides, tussilage farfara, herbe à la toux, oreilles de souris, taconnet, tussilage, pas d'âne.	Lésions éventuelles du foie : contient de petites quantités d'hépatotoxines.

Extrait de : Allen Jones, Nos ennemis les plantes ?, dans *Le Consommateur canadien*, août 1988.

Ces tisanes sont une agréable solution de remplacement des boissons plus stimulantes que sont le thé et le café et elles sont sans danger. Toutefois, si vous avez l'habitude d'en consommer de façon régulière, renseignez-vous sur les propriétés pharmacologiques des plantes qui les composent.

Les substances qui migrent dans les aliments

Les aliments sont en contact avec différents matériaux dont sont constitués entre autres la vaisselle, les ustensiles de cuisine, les casseroles et les emballages. Or, il arrive que certains constituants de ces matériaux migrent dans les aliments. Si cela ne fait parfois qu'altérer la couleur ou la saveur des aliments, la chose est plus risquée quand ces constituants sont toxiques.

La vaisselle et la verrerie

Les métaux lourds entrant dans la fabrication des pigments des glaçures qui recouvrent la porcelaine et la céramique, ou dans la fabrication des plastiques présentent un risque pour la santé. Aussi, en vertu du *Règlement sur les produits dangereux* (ministère de la Consommation et des Corporations), la quantité de métaux libérée dans les aliments ne doit pas dépasser 7 ppm pour le plomb et 0,5 ppm pour le cadmium. (Les États-Unis viennent d'imposer des normes encore plus sévères pour le plomb.) Selon les inspecteurs du Ministère, les normes sont bien suivies par les grands fabricants de vaisselle et les artisans locaux les respectent. Si la glaçure est correctement formulée, appliquée avec soin et cuite à haute température, la migration est minimale.

On doit cependant se méfier des céramiques artisanales achetées à l'étranger. Si les plats sont très colorés ou si leur surface n'est pas lisse, il vaut mieux ne pas les utiliser pour servir les aliments. En effet, ces souvenirs de vacances peuvent se révéler dangereux, surtout si des aliments acides y séjournent, car l'acidité accélère la migration des métaux.

Saviez-vous que c'est le plomb qui confère au cristal son éclat particulier ? Or le cristal peut également libérer du plomb au contact d'aliments acides. Des chercheurs de l'Université Columbia ont en effet déterminé que la teneur en plomb d'un vin blanc ayant séjourné une heure dans un verre de cristal doublait, passant de 33 ppb à 68 ppb[1]. Ces mêmes chercheurs ont mesuré des teneurs en plomb variant entre 2,162 ppb et 5,331 ppb dans du porto conservé quatre mois dans une carafe de cristal[2]. Comparé avec la quantité de plomb tolérée dans l'eau (500 ppb), cet apport en plomb n'est pas alarmant, d'autant plus que la consommation quotidienne de vin ou d'alcool des individus est généralement beaucoup plus faible que leur consommation d'eau (environ 2 litres) et que le simple citoyen ne boit pas dans du cristal tous les jours ! On serait toutefois mal avisé d'utiliser une carafe en cristal de façon régulière, surtout pour des boissons de grande consommation, comme des jus de fruits.

Les boîtes de conserve

Les boîtes de conserve traditionnelles se sont radicalement améliorées au cours des ans. De plus en plus, maintenant, elles ont l'intérieur enduit d'une résine qui protège les aliments contre les changements de couleur et de saveur que provoque la corrosion du métal. (Les aliments acides et ceux qui contiennent du soufre sont particulièrement sujets à ce type de réactions.) Toutefois, du point de vue toxicologique, l'amélioration la plus vitale qu'ont connue les conserves est le remplacement des soudures au plomb par des soudures à l'électricité. Quand on sait qu'une étude effectuée par Santé nationale et Bien-être

---

1. ppb : *parts par billion*, c'est-à-dire « parties par milliard ».
2. Lisa Y. Lefferts, « No Cristal Assurance », *Nutrition Action*, vol. 18, n° 3, avril 1991, p. 4.

social Canada avait démontré en 1976 que le plomb provenant des conserves représentait en moyenne de 13 % à 22 % de l'apport alimentaire en plomb des Canadiens et pouvait atteindre 40 % chez les plus grands consommateurs d'aliments en conserves, il y a de quoi se réjouir de ce que l'industrie canadienne ait volontairement abandonné les boîtes soudées au plomb. Toutefois, l'utilisation de ces boîtes n'est pas interdite; elles servent encore d'emballage à certains produits importés. Les soudures au plomb se reconnaissent au trait large et inégal qu'elles forment sur le côté de la boîte, alors que les soudures à l'électricité ne présentent qu'une ligne très étroite.

Il est recommandé de ne pas entreposer d'aliments dans une boîte déjà ouverte.

Les casseroles

Les ustensiles de cuisine tels que les casseroles peuvent aussi libérer certains métaux, particulièrement en présence d'aliments acides.

La fonte   Les ustensiles en fonte libèrent du fer, et les mets à base de tomates prendront une teinte plus brune et un goût métallique si le contact est suffisamment long. Toutefois, le fer n'est pas toxique, c'est même un élément essentiel à la santé.

Le cuivre   On a besoin de petites quantités de cuivre dans son alimentation. Un apport trop élevé de ce métal peut cependant provoquer des nausées, des vomissements, des diarrhées. Les quantités de cuivre qui migrent dans les aliments atteignent rarement un tel niveau, même lorsqu'on utilise des bassines de cuivre pour faire des confitures. Habituellement, dans les casseroles, le cuivre est recouvert d'acier inoxydable.

L'acier inoxydable   Cet alliage semble sécuritaire. Toutefois, les aliments acides, comme les tomates et la rhubarbe, peuvent causer une libération de nickel et aggraver la condition des personnes allergiques à ce métal.

L'aluminium   L'aluminium migre dans les aliments en fonction de l'acidité et du temps. Cette migration peut être relativement importante dans les plats à base de tomate qui mijotent durant plusieurs heures dans une casserole en aluminium. Elle est pratiquement nulle avec le papier d'aluminium et les barquettes d'aluminium utilisées dans le commerce. Toutefois, comme l'aluminium est de plus en plus utilisé pour les barquettes, les canettes, les emballages de toute sorte, la Direction générale de la protection de la santé a évalué les quantités ingérées par les Canadiens d'après son analyse du panier à provision et la quantité d'aluminium apportée par les aliments ne semble pas constituer un problème de santé publique à l'heure actuelle. L'apport en aluminium par les aliments est insignifiant comparativement aux quantités qu'on ingère en prenant des antiacides, des médicaments contre la diarrhée et certains analgésiques.

Et qu'en est-il de la maladie d'Alzheimer et de la présence d'une teneur élevée en aluminium dans le cerveau des personnes souffrant de cette maladie ? À vrai dire, on ignore si cette forte teneur en aluminium est la cause ou l'effet de la maladie. On sait en tout cas que l'aluminium n'est pas absorbé par un organisme en santé si l'apport est faible.

Le teflon   Le teflon est un composé inerte chimiquement. Si des particules se détachent accidentellement et se retrouvent dans les aliments, elles ne sont pas absorbées par l'organisme et, de ce fait, ne sont pas nuisibles à la santé.

Les plastiques

Les plastiques dont on se sert pour fabriquer des contenants ou des emballages pour les aliments doivent être approuvés par la Direction générale de la protection de la santé. Certains de leurs constituants peuvent en effet migrer dans les aliments, selon la composition de l'aliment et les conditions de température ou de traitement auxquelles ils sont soumis.

L'industrie alimentaire doit tenir compte de ces facteurs dans le choix des matériaux d'emballage, et le consommateur est mal avisé de réutiliser ces contenants pour un usage autre que celui pour lequel ils ont été conçus. Un contenant de yogourt autorisé pour usage à basse température peut libérer certains constituants s'il est réutilisé pour faire réchauffer des aliments dans le four à micro-ondes. Un matériau autorisé pour emballer des aliments à faible teneur en gras, du pain par exemple, ne devrait pas servir à emballer du fromage.

Les pellicules d'emballage vendues dans le commerce peuvent donner lieu à la migration d'additifs ajoutés dans le plastique pour les rendre souples et adhérentes. Des études effectuées en Grande-Bretagne ont démontré que la migration est plus importante dans les aliments gras et qu'elle augmente avec la température et le temps de contact. Comme on ne dispose pas d'une information complète sur la toxicité de ces produits de migration, on recommande de ne pas utiliser les pellicules plastiques pour l'entreposage prolongé d'aliments gras, comme le fromage. Lorsqu'on utilise ces pellicules pour recouvrir un plat dans le four à micro-ondes, on doit s'assurer qu'elles n'adhèrent pas aux aliments.

Enfin, les encres utilisées sur les sacs de plastique peuvent contenir des pigments à base de plomb ou de cadmium. Si vous utilisez ces sacs pour emballer votre casse-croûte, ne les retournez pas afin d'éviter le contact des aliments avec l'encre.

Que nous réserve l'avenir ?

Tout au long de son histoire, l'humanité a eu comme préoccupation constante d'augmenter la production de denrées alimentaires et d'élaborer des techniques pour conserver les aliments. Le XXᵉ siècle a été marqué par les progrès de la chimie, à laquelle on doit les engrais de synthèse, les pesticides, les additifs alimentaires et de nombreux médicaments vétérinaires. Que nous réserve l'avenir ? Encore des nouveautés, sans doute. L'irradiation des aliments et les biotechnologies pourraient en effet amener des changements importants dans le panier à provisions.

L'irradiation des aliments

Que de discussions sur ce sujet au cours des dernières années ! Jamais un mode de transformation des aliments n'aura été scruté avec autant d'attention. Cette nouvelle technologie, les consommateurs s'en méfient parce qu'elle utilise du matériel radioactif. Ils redoutent les risques environnementaux reliés au transport de ce matériel et au stockage des déchets radioactifs. Ils s'interrogent sur la qualité des aliments irradiés et sur les dangers que peut présenter pour la santé des travailleurs l'exposition aux rayons ionisants. Tout réels qu'ils soient, ces risques sont beaucoup moindres que ceux qui découlent de l'utilisation de l'atome à des fins énergétiques. L'expérience acquise dans les centrales nucléaires permet d'établir, pour le secteur de l'irradiation des aliments, des protocoles efficaces pour assurer la sécurité des travailleurs et du public.

L'irradiation a pour but de prolonger la durée de conservation des aliments en détruisant les insectes et les bactéries qui les contaminent. Selon le Département de l'agriculture des États-Unis, cette technologie permettrait d'éliminer entre 99,5 % et 99,99 % des salmonelles sur les carcasses de poulet[1], ce qui aurait un impact important en santé publique, les salmonelloses venant en tête des toxi-infections dénombrées dans ce pays entre 1983 et 1987. Par ailleurs, en ralentissant les processus de maturation des produits, l'irradiation permettrait aux producteurs d'offrir aux consommateurs des fruits et des légumes de meilleure qualité tout en éliminant l'utilisation postrécolte de fongicides.

Bien qu'ils reconnaissent ces avantages, les consommateurs s'interrogent sur l'innocuité des aliments traités aux rayons ionisants. Or les autorités ne prennent pas cela à la légère. Un comité mixte d'experts de l'Organisation mondiale de la santé (OMS), de l'Organisation des Nations Unies pour l'alimentation et l'agriculture (OAA) et de l'Agence internationale de l'énergie atomique (AIEA) a passé en revue toutes les données accumulées sur l'irradiation des aliments au cours des quarante dernières années. Selon ces experts, les niveaux d'énergie des sources acceptées pour l'irradiation des aliments (au Canada cobalt 60, césium 137) sont trop faibles pour que les aliments traités deviennent radioactifs. Ils admettent par ailleurs que l'irradiation provoque certaines modifications dans les aliments, mais observent du même souffle que les substances ainsi formées ne sont pas différentes de celles qui découlent de la cuisson des aliments. Ils en concluent donc qu'avec les doses actuellement autorisées (10 kGy ou moins), l'irradiation ne compromet pas l'innocuité des aliments.

Selon les experts, on n'a pas pu démontrer que les microorganismes qui survivent à l'irradiation étaient plus résistants; au contraire, ils seraient plus vulnérables aux conditions défavorables à leur croissance, le froid, par exemple, et plus facilement tués par la cuisson.

---

1. Food Safety and Inspection Service, U.S. Department of Agriculture, *Notice of Proposed Rulemaking*, Federal Register 57:19460, n° 88, 2ᵉ partie, 6 mai 1992.

Quant à la qualité nutritive des aliments irradiés, elle serait comparable à celle des aliments traités par la chaleur. Les pertes, surtout en vitamines A, C et E, dépendent des conditions de traitement et de la composition même des aliments, certains constituants ayant un effet protecteur contre les radiations. Des études supplémentaires sont essentielles si l'on veut s'assurer que l'irradiation n'altère pas la valeur nutritive d'aliments qui représentent une source importante de vitamines ou qui constituent la base du régime de populations déjà sous-alimentées.

L'irradiation ne se pratique pas à l'échelle industrielle au Canada et les aliments irradiés qu'il est permis d'importer sont ceux pour lesquels l'irradiation est autorisée ici. L'irradiation n'est actuellement autorisée que pour les applications suivantes :

– empêcher la germination des oignons et des pommes de terre;
– prévenir l'infestation du blé et de la farine par des insectes;
– décontaminer les épices entières ou moulues et les assaisonnements déshydratés.

Pour l'instant, l'industrie alimentaire est sur ses gardes, n'étant pas intéressée à investir dans une technologie que le consommateur perçoit négativement. Cette attitude pourrait changer à la suite d'expériences menées ailleurs. Dans les pays de la Communauté économique européenne, les législations diffèrent, allant de l'interdiction complète (Allemagne) à l'autorisation d'une liste importante de produits, dont la volaille (France, Hollande). Il sera intéressant de voir comment ces pays réussiront à harmoniser leurs législations à la suite de l'abolition des barrières commerciales en 1993.

Aux États-Unis, quoique autorisée sur plusieurs produits, l'irradiation n'était vraiment effectuée que sur les épices et les assaisonnements. La première installation destinée exclusivement à l'irradiation des aliments a été inaugurée en janvier 1992, près de Tampa, en Floride. Plusieurs Canadiens auront l'occasion de se familiariser avec les aliments irradiés au cours de leurs vacances hivernales.

Figure 10.1   Logo signalant les aliments irradiés.

Les aliments irradiés sont obligatoirement signalés par un logo international (voir figure 10.1). Cependant il n'existe actuellement aucune technique permettant de prouver qu'un aliment a été irradié et c'est un problème. En effet, le consommateur étant de prime abord méfiant face à l'irradiation, il faudra bien trouver moyen de lui donner l'assurance que les produits qu'il achète n'ont pas été irradiés à son insu de façon qu'il puisse exercer son droit de choisir en toute connaissance.

Les biotechnologies

La chimie a connu un essor fulgurant au XXᵉ siècle, mais on peut vraisemblablement s'attendre que la biotechnologie[2] lui dame le pion au XXIᵉ siècle. La biotechnologie réunit toutes les méthodes ou techniques appliquées à des êtres vivants : microorganismes, plantes, animaux. Elle met les microorganismes au service de l'être humain, ce qui n'est pas nouveau en soi. Des microorganismes servent en effet depuis

---

2. Biotechnologie : Ensemble des techniques qui utilisent des organismes vivants (ou des parties d'organismes) pour créer ou modifier des produits, pour améliorer des plantes ou des animaux ou pour développer des microorganismes destinés à des usages déterminés (U.S. Congress, Office of Technology Assessment, *Commercial Biotechnology : An International Analysis*, OTA-BA, Washington, janvier 1984).

fort longtemps à la fabrication du pain, du vin, des fromages. La pénicilline et plusieurs vitamines sont synthétisées par des microorganismes et on a réussi, depuis le milieu du siècle, à les produire industriellement.

Le génie génétique[3] permet maintenant de faire produire par des bactéries des substances normalement fabriquées par des animaux. C'est le cas de la présure qu'on extrayait traditionnellement de l'estomac de jeunes veaux. Cette enzyme utilisée pour la fabrication du fromage est le premier aliment issu de la biotechnologie dont la commercialisation ait été autorisée par la Food and Drug Administration aux États-Unis.

Il y a fort à parier que le génie génétique amènera des changements susceptibles de bouleverser les méthodes actuelles de culture et d'élevage. Déjà, l'amélioration des races d'animaux de boucherie, de troupeaux laitiers, d'animaux de basse-cour se fait par sélection génétique. On croise différentes lignées afin d'obtenir des caractéristiques qui seront transmises aux descendants. Par les techniques de sélection génétique, on a obtenu, au cours des ans, des vaches qui donnent plus de lait, du bœuf plus maigre, des poulets à la poitrine plus charnue.

Appliquée à la production végétale, la sélection génétique a donné naissance à des variétés répondant à divers impératifs : du blé plus riche en protéine, des pommiers résistants à la tavelure, des rosiers résistants au gel.

Le génie génétique permet d'arriver aux mêmes résultats de façon plus directe. Pour ce faire, on introduit le gène porteur de la caractéristique souhaitée dans les cellules de l'espèce que l'on veut améliorer, ou encore on inhibe l'expression d'un gène. Ainsi, la compagnie Calgene, aux États-Unis, a produit une tomate qui, cueillie mûre, reste ferme plusieurs semaines. On a obtenu ce résultat en modifiant le gène auquel est attribuable la formation d'une enzyme qui dégrade la pectine durant la maturation[4]. On pourrait de la même façon obtenir des variétés

---

3. Génie génétique : Technologie qui repose sur la manipulation du matériel génétique contenu dans le noyau d'une cellule, par exemple l'introduction de gènes nouveaux.

4. M.G. Kramer, « Genetically Engineered Plant Foods : Tomatoes », *Agricultural Biotechnology, Food Safety and Nutritional Quality for the Consumer*, National Agricultural Biotechnology Council, Report 2, Cornell University, Ithaca, N.Y., 1990.

résistantes aux insectes, éliminer des composants toxiques de certaines plantes, ou modifier la composition de la viande.

L'amélioration d'espèces par génie génétique est encore à l'état expérimental. On peut prévoir des résultats prochains sur des végétaux, mais il faudra encore bien des années avant que l'application de ces méthodes soit possible sur les animaux.

Si le génie génétique est le secteur de la biotechnologie qui frappe le plus l'imagination, d'autres applications auront un impact tout aussi grand et certaines sont déjà au service des agriculteurs. C'est le cas de l'insémination artificielle et du transfert d'embryon de l'utérus d'une vache championne à celui d'une vache de qualité moyenne, deux techniques qui permettent aux éleveurs d'améliorer leur cheptel.

C'est le cas aussi de la multiplication *in vitro* permettant de faire pousser en éprouvette, à partir de morceaux de bourgeons, des milliers de plants semblables.

On n'arrête pas le progrès ! À une époque où la concurrence est très vive entre les pays producteurs, il faut, pour se tailler la part du lion, mettre au point des technologies grâce auxquelles on pourra produire plus efficacement et à meilleur coût. Le débat sur le développement de l'agriculture est engagé et les consommateurs doivent y prendre part : pour s'assurer d'un approvisionnement en aliments sains et nourrissants, pour imposer des modes de production respectueux de l'environnement, pour faire en sorte que les innovations profitent à toute la classe agricole, pas seulement à quelques industriels.

Adresses utiles

En cas d'intoxication alimentaire

Vous croyez souffrir d'une intoxication alimentaire ? Signalez le fait à votre service de santé. Dans les cas graves, appelez le médecin ou rendez-vous à la salle d'urgence de l'hôpital le plus proche.

Si un membre de votre entourage présente des signes d'intoxication après avoir mangé des petits fruits, des champignons ou tout autre plante sauvage, communiquez avec le centre antipoison en composant le numéro de libre appel ou rendez-vous à l'urgence en apportant, si possible, l'aliment mis en cause :

- **Centre antipoison du Québec**   1 800 463-5060

Pour porter plainte

Tout aliment mis sur le marché qui a une odeur, un aspect ou un goût étranges, qui est moisi, qui renferme des insectes, des impuretés ou tout autre corps étranger, ou qui est mal emballé devrait faire l'objet d'une plainte.

- **La Direction régionale de la protection de la santé**
  Pages bleues de l'annuaire téléphonique
  Gouvernement du Canada : Santé nationale et Bien-être social Canada

- **La Direction de l'inspection des aliments à la consommation** (MAPAQ)
  1 800 463-5023

◉ **Les services d'inspection municipaux :**

Ville de Montréal	(514) 280-4300
Ville de Québec	(418) 691-6480
Ville de Sherbrooke	(819) 821-5944
Ville de Trois-Rivières	(819) 372-4622

Pour obtenir de l'information

Sur la réglementation touchant les aliments

◉ **Direction générale de la protection de la santé — Services éducatifs**

Montréal et Rive-Sud
(514) 646-1363

Laval et municipalités avoisinantes
(514) 283-5488

◉ **Ministère de l'Agriculture, des Pêcheries et de l'Alimentation**
1 800 463-5023

Sur la qualité des plans d'eau (pour la pêche)

◉ **Gouvernement du Québec : Environnement**
Pages bleues de l'annuaire téléphonique

Sur les risques de contamination des mollusques

◉ **Gouvernement du Canada : Pêche et Océans**
Pages bleues de l'annuaire téléphonique

Pour faire analyser l'eau

Contactez d'abord votre CLSC, qui a peut-être déjà procédé à des analyses dans votre région si un problème majeur y a été décelé. Le cas échéant :

- **Pour les analyses bactériologiques**   Adressez-vous à votre pharmacien qui vous fournira les contenants et l'adresse d'un laboratoire privé.

- **Pour les analyses physico-chimiques**   Le bureau local du ministère de l'Environnement vous fournira l'adresse d'un laboratoire privé.

Pour se renseigner sur les allergies alimentaires

- **Association québécoise des allergies alimentaires**
  1197, rue De Lacroix
  Boisbriand (Québec)
  J7G 3E2

Documentation gratuite sur les aliments

Sur les œufs

- *L'œuf extraordinaire*
- *La réalité de l'œuf*
- *Manuel de l'œuf classique*

  Fédération des producteurs d'œufs de consommation du Québec

  Maison de l'UPA
  555, boul. Rolland-Therrien
  Longueuil (Québec)
  J4H 3Y9
  Tél. : (514) 679-0530
  Téléc. : (514) 679-0855

- *Œufs et produits des œufs*
  (publ. n° 1498/F)

  Agriculture Canada
  Direction générale des communications
  Ottawa (Ontario)
  K1A 0C7

Sur le lait et les produits laitiers

🍎 *Le lait et les produits laitiers*
Bureau laitier
1981, avenue McGill College, bureau 1330
Montréal (Québec)
H3A 2X9

🍎 *Le lait franchement meilleur*

🍎 *Produire du lait de qualité*
Fédération des producteurs de lait du Québec
555, boul. Rolland-Therrien
Longueuil (Québec)
J4H 3Y9

Sur la viande et la volaille

🍎 *La mise en conserve des viandes à la maison*
(publ. n° 5187/F)

🍎 *Quelques faits sur l'inspection des viandes*
(publ. n° 5250/F)

🍎 *De la dinde pour tous*
(publ. n° 1270/F)
Agriculture Canada
Direction générale des communications
Ottawa (Ontario)
K1A 0C7

Sur les poissons

🍎 *Guide de consommation du poisson de pêche sportive en eau douce, 1992*
Directions régionales du ministère de l'Environnement et du ministère du Loisir, de la Chasse et de la Pêche

Sur l'eau

- *Notre eau comporte-t-elle des risques ?*
- *L'eau consommée à l'extérieur du foyer*
- *Recommandations pour la qualité de l'eau*
- *Chloration de l'eau potable*
- *Dispositifs de traitement de l'eau pour l'élimination du goût, de l'odeur et des substances toxiques*

Direction générale de la protection de la santé
Services éducatifs
1001, rue Saint-Laurent Ouest
Longueuil (Québec)
J4K 1C7

A N N **C** E X E

Documentation gratuite sur les divers contaminants

- *Pesticides, la bonne dose* (N° de cat. : En 40-373/1989F)
- *Parlons pesticides* (Publ. n° 5128/F)
- *Les pesticides en perspective* (Publ. n° 5206/F)
  Ministère des Approvisionnements et Services du Canada

- *Dictionnaire de poche des additifs alimentaires*
- *La salubrité des aliments, c'est votre affaire*
- *Les aliments, la santé et la loi*
- *Les plaintes qui comptent*
  Santé nationale et Bien-être social Canada
  Protection de la santé
  Services éducatifs
  1001, rue Saint-Laurent Ouest
  Longueuil (Québec)
  J4K 1C7

- *Pesticides, le moins possible*
- *Guide de consommation du poisson de pêche sportive en eau douce*
  Ministère de l'environnement du Québec
  Bureaux locaux

- ***L'irradiation, technique de rechange pour le traitement des aliments***, Joan Anderson, septembre 1989
Agriculture Canada
Direction générale du développement agricole
Division du développement du secteur alimentaire

Ouvrages à consulter

Département de santé communautaire, Hôpital de l'Enfant-Jésus. *Mieux vivre avec son environnement*, Québec, 1990. (Disponible gratuitement sur demande écrite à C.P. 2024, Québec, G1K 7M9.)

Doucet-Leduc, Hélène. *La contamination des aliments. Une préoccupation d'aujourd'hui*, Modulo Éditeur, Mont-Royal, 1991.

Genest, Françoise. *Guide pratique de l'alimentation*, Collection *Protégez-vous*, Montréal, 1992.

Gosselin, Pierre et coll. *Santé environnementale au Québec*, Québec, Les publications du Québec, 1986.

Guide des champignons, Sélections du Reader's Digest, 1962.

Lebrun, D., et A.-M. Guérineau. *Champignons du Québec et de l'est du Canada*, Montréal, Éditions France-Amérique, 1981.

Le Groupe Fleurbec, auteur et éditeur. *Plantes sauvages comestibles*, Saint-Cuthbert, 1981.

Ministère de l'Agriculture, des Pêches et de l'Alimentation du Québec. *Protégez votre jardin*, Québec, Les publications du Québec (s.d.).

Monnier, Georges et Régis Coutecuisse. *Le guide de poche des champignons*, Delachaux et Niestlé, 1991.

Pomerleau, René. *Champignons de l'est du Canada et des États-Unis*, Comment reconnaître et utiliser les espèces comestibles, La Presse, 1980.

Santé nationale et Bien-être social Canada. *Un lien naturel – La santé et l'environnement*, Centre de publication du Canada, 1992.

Tyler, E. V. *The New Honest Herbal. A Sensitive Guide to Herbs and Related Remedies*, Philadelphie, George F. Stickley Co., 1982.

Index

A

Abats 68
  de gibier 72
Achat des aliments
  Règles à observer 8
Acier inoxydable
  Ustensiles en 121
Additifs 36
  Classification des 38
  contenant de l'aluminium 35
  contenant du potassium 46
  contenant du sodium 46
  Effets secondaires des 43
  Homologation des 36
  Réglementation 36
Aflatoxine
  dans les arachides 97
  Règles à observer 97
Alcool 113
Aliments
  Achat des 8
  Aliments sûrs 5
  Aliments susceptibles de
    contamination 5
  Conservation au congélateur 10
  Conservation au réfrigérateur 12
  Entreposage des 9
  Préparation des 18
  Transport des 8
Allergies 51
  au glutamate monosodique 44
  au MSG 44
  aux colorants 45
  aux sulfites 43
Aluminium 34
  Additifs contenant de l' 35
  Contamination par l' 34
  Ustensiles en 121
Antibiotiques dans le lait 55
Antioxydants 42

Arachides
  Aflatoxine dans les 24
  Moisissures dans les 24
Aspartame 45
Automédication 114

B

Babeurre 57
Bactéries 1
Barbecue 74
  Règles à observer 76
Beurre d'arachide 97
BHA 43, 104
BHT 43, 104
Biotechnologies 128
Bœuf 66
Boîtes-repas 21
  Règles à observer 21
BPC 28
Buffets 20
  Règles à observer 20

C

Cadmium 33
  Contamination par le 34
  dans les abats 68
Café 112
  décaféiné 112
Campylobacter jejuni 3
Cancer 48
Céréales
  Contamination des 96
  Moisissures dans les 23
Charcuteries
  Temps de conservation des 10, 13
Cheval 71
Ciguatoxine 85
Clostridium botulinum 2
Clostridium perfringens 3

Colorants 45
  Allergies aux 45
Conservation
  au congélateur 10
  au réfrigérateur 12
  des aliments non périssables 16
  des charcuteries 10, 13
  des crustacés 89
  des fruits de mer 89
  des mollusques 86
  du lait 55
  du poisson 89
Conserve(s)
  Clostridium botulinum 2
  Indices de détérioration des 17
  Méthodes de mise en 95
  Règles à observer 15
  Soudures au plomb 120
Consoude 100
Contaminants chimiques 27
  dans le poisson 81
  organochlorés 82
Contamination
  chimique 48
  croisée 18
  des céréales 96
  des légumineuses 96
  des noix 96
  par l'aluminium 34
  par le cadmium 34
  par le mercure 32
  par le plomb 33
  Personnes à risques 50
Crème fraîche 55
  Temps de conservation de la 12
Crustacés 88
  Conservation des 89
  Critères d'achat des 89
Cuivre
  Ustensiles en 121
Cyclamate 37

D
DDT 28
Décoctions 113
Décongélation 17
  de la volaille 73

Desserts glacés 57
Dioxines 28

E
Eau 109
  Contamination par le plomb de l' 110
  Eau des puits 111
  Eau en bouteille 111
Édulcorants 37
Engrais chimiques 30
Entreposage des aliments 9
  Règles à observer 9
Escherichia coli 3

F
Fonte
  Ustensiles en 121
Fougère 100
Four à micro-ondes 76
  Contenants pour 123
  Cuisson au 77
  Fonctionnement du 77
  Pellicules d'emballage pour 123
  Règles à observer 78
Fromages 58
  Listeria monocytogenes 3
  Temps de conservation des 10, 12
Fruits
  Biotechnologies 128
  Moisissures dans les 23
  Temps de conservation des 11, 14
Fruits de mer
  Conservation des 89
  Critères d'achat des 89
  Temps de conservation des 11, 13
Fruits secs
  Insectes dans les 25
Fumage 65
Furannes 28

G
Gibier 72
Glutamate monosodique 44
  Allergies au 44
Grains
  Insectes dans les 25
  Moisissures dans les 23

Graisses 103
  Produits d'oxydation des 105
  Rancissement des 104

H

Haricots lupini 99
Hépatopancréas 88
Homologation
  des additifs alimentaires 36
  des médicaments vétérinaires 63
Hormones 63
Huiles 103

I

Infusions 98
Insectes 25
Intoxication(s) 1
  Campylobacter jejuni 3
  Clostridium botulinum 2
  Clostridium perfringens 3
  Escherichia coli 3
  Listeria monocytogenes 3
  Mollusques 86
  Salmonelles 2
  Staphylococcus aureus 2
  Températures critiques 6
Irradiation des aliments 125

J

Jambons 69

K

Kéfir 57

L

Lait 53
  Antibiotiques dans le 55
  Conservation du 55
  Lait cru 54
  Lait UHT 55
  Temps de conservation du 10, 12
Lavage de la vaisselle 19
  Règles à observer 20
Légumes
  Biotechnologies 128
  Temps de conservation des 11, 14

Légumineuses
  Contamination des 96
  Moisissures dans les 23
Levures 1, 24
Listeria monocytogenes 3

M

Manioc 99
Matériaux d'emballage 122
Médicaments vétérinaires 63
Meilleur avant 8
Mercure 32
  Contamination par le 32
Métaux lourds 31
  Aluminium 34
  Cadmium 34
  Mercure 32
  Plomb 33
Microorganismes 1
Moisissures 1, 23
  Mycotoxines 23
Mollusques 86
  Conservation des 89
  Critères d'achat des 89
MSG 44
  Allergies au 44
Mycotoxines 23

N

Nitrites 37
Noix
  Contamination des 96
  Insectes dans les 25
  Moisissures dans les 23
Noyaux 100

O

Œufs 78
  Temps de conservation des 11, 14
Olestra 105
Organochlorés 28
  Recommandations 82

P

Pain
  Moisissures dans le 23
Parasites 24, 85

Pépins 100
Pesticides 30
  Conseils 91
  Homologation des 30
Pique-niques
  Règles à observer 21
Plastiques 122
Plomb 32
  Contamination par le 33
  Contamination de l'eau par le 110
  dans la vaisselle 119
  dans la verrerie 119
  dans le cristal 120
  Soudures au 120
Poisson(s)
  Conservation du 89
  Contaminants chimiques dans le 81
  Contaminants d'origine naturelle
    dans le 84
  Critères d'achat du 89
  Mercure dans le 32
  Parasites dans le 24, 85
  Poissons de pêche sportive 83
  Poisson fumé 90
  Règles de consommation du 84
  Temps de conservation du 11, 13
Pommes de terre 100
Porc 69
Poulet
  Salmonelles dans le 2
Préparation des aliments 18
  Règles à observer 18, 19
Produits
  allégés 107
  biologiques 92

R

Rancissement 104
Règles à observer
  Achat des aliments 8
  Aflatoxine 97
  Barbecue 74
  Boîtes-repas 21
  Buffets 20
  Conserves 15
  Entreposage des aliments 9
  Four à micro-ondes 78
  Lavage de la vaisselle 20

Pique-niques 21
Préparation des aliments 18, 19
Repas au restaurant 22
Transport des aliments 8
Restaurant
  Règles à observer 22
Rhubarbe 99

S

Saccharine 37
Salaison 64
Salmonelles 2, 73
Saucisses 70
Saucissons 70
Somatotropine bovine 56
Staphylococcus aureus 2
Substances toxiques naturelles 98
Substituts du gras 103
Sucre
  Succédanés de 106
Sulfites 43
  Allergies aux 43

T

Tartrazine 45
Teflon
  Ustensiles en 122
Températures
  internes de cuisson 75
  Zones critiques 6
Temps de conservation
  au congélateur 10, 11
  au réfrigérateur 12, 13, 14
  des aliments non périssables 16
Tisanes 113
Tofu
  Temps de conservation du 12
Transport des aliments
  Règles à observer 8
Trichine 69
Tularémie 72

U

Ustensiles de cuisine
  en acier inoxydable 121
  en aluminium 121
  en cuivre 121
  en teflon 121, 122

V

Vaisselle 119
    Lavage de la 19
    Règles à observer 20
Veau 66
Végétaux
    Plantes toxiques 98
Verrerie 119
Viande(s)
    Biotechnologies 128
    Fumage des 65
    Parasites dans la 24
    Salaison des 64
    Température interne de
        cuisson des 75
Temps de conservation des 10, 13
Viandes hachées
    Escherichia coli 3
Volaille(s) 72
    Décongélation de la 73
    Salmonelles dans les 73
    Temps de conservation des 10, 13
    Température interne de
        cuisson des 75
    Volailles farcies 74

Y

Yogourt 57
    Temps de conservation du 10, 12